U0792194

高等职业教育数字媒体专业新形态教材

数字媒体交互设计项目式教程（微课版）

主　编　苏　陆
副主编　刘青青

中国水利水电出版社
www.waterpub.com.cn
·北京·

内 容 提 要

本教材由实体书籍及数字化教学资源构成，依据数字媒体交互设计的工作流程及项目运作形式，结合设计师、产品经理的岗位需求划分项目模块。

本教材共 13 个项目，项目 1 至项目 9 主要以茶类 APP 实际项目为载体，将数字媒体交互设计的工作流程展开阐述，包括确定用户调研方案并实施、竞品分析、信息可视化设计、构建信息框架、绘制流程图、绘制线框图、低保真与高保真原型设计、制作产品 Demo 动效、产品评估测试等内容；项目 10 至项目 13 对职业考核、专业赛事及行业未来发展趋势进行解读，包括虚拟现实交互设计、人工智能交互设计、全国高校数字媒体艺术设计大赛、考取 1+X 数字媒体交互设计职业技能等级证书等内容。

本书配有电子课件，读者可以从中国水利水电出版社网站（www.waterpub.com.cn）或万水书苑网站（www.wsbookshow.com）免费下载。

图书在版编目（CIP）数据

数字媒体交互设计项目式教程 ： 微课版 / 苏陆主编
. -- 北京 ： 中国水利水电出版社, 2022.3（2025.12重印）
高等职业教育数字媒体专业新形态教材
ISBN 978-7-5226-0432-9

Ⅰ. ①数… Ⅱ. ①苏… Ⅲ. ①数字技术－多媒体技术
－高等职业教育－教材 Ⅳ. ①TP37

中国版本图书馆CIP数据核字(2022)第019769号

策划编辑：周益丹　　责任编辑：邓建梅　　封面设计：李　佳

书　　名	高等职业教育数字媒体专业新形态教材 数字媒体交互设计项目式教程（微课版） SHUZI MEITI JIAOHU SHEJI XIANGMUSHI JIAOCHENG （WEIKE BAN）
作　　者	主　编　苏　陆 副主编　刘青青
出版发行	中国水利水电出版社 （北京市海淀区玉渊潭南路 1 号 D 座 100038） 网址：www.waterpub.com.cn E-mail：mchannel@263.net（答疑） sales@mwr.gov.cn 电话：（010）68545888（营销中心）、82562819（组稿）
经　　售	北京科水图书销售有限公司 电话：（010）68545874、63202643 全国各地新华书店和相关出版物销售网点
排　　版	北京万水电子信息有限公司
印　　刷	雅迪云印（天津）科技有限公司
规　　格	184mm×260mm　16 开本　11.25 印张　246 千字
版　　次	2022 年 3 月第 1 版　2025 年 12 月第 2 次印刷
印　　数	2001—4000 册
定　　价	52.00 元

序

教材是教育教学的关键要素、立德树人的基本载体。在全国教材工作会议暨首届全国教材建设奖表彰会召开之后，全国传媒职业技术教育联盟首批系列教材正式出版，即将在联盟内外职业院校应用。这批教材落实了职教思政建设的要求，蕴涵着行业产业前沿的技术技能，凝聚了编撰工作人员的心血，承载着传媒职教学生的希望，是联盟成立以来的标志性成果之一，必将在推动传媒职业技术教育“三教”改革、“三全育人”综合试点、“大国工匠”培养等方面起到积极作用，为培育思政品质可靠、专业技能过硬、创意思维活跃的高质量传媒人才提供基础性支撑。

尺寸教材，悠悠国事。新时代，党中央、国务院高度重视教材建设，成立了国家教材委员会，设立了全国教材建设奖，出台了《职业院校教材管理办法》等系列制度文件，全面落实教材建设国家事权。全国传媒职业技术教育联盟成立以来，联盟理事会紧扣国家政策文件，联合行业产业企业，组织联盟院校单位，启动了编写传媒职业技术教育教材的工作。

在教材编写过程中，参与编撰的老师充分依托联盟的平台作用，发挥主观能动性，深入行业产业调研，掌握对应领域技能迭代情况；组织线上线下研讨，结合校情学情搭建章节架构；加强编校沟通协调，有效保障教材开发出版质量，充分体现了联盟“资源共享、优势互补、合作共赢、协同发展”的宗旨，为联盟今后更好、更快、更多地出版系列教材提供了成功经验，为联盟在共定合理化人才培养方案、共育双师型教师队伍等方面开展卓有成效的工作提供了示范借鉴。

翻阅此次出版的《H5融媒体制作项目式教程（微课版）》《新媒体内容创作实务（微课版）》《数字媒体交互设计项目式教程（微课版）》等教材，二维码等数字出版新技术的运用应引起足够重视。新时代，面向智能手机成长起来的新生代学生，作为传媒领域首个全国性职业教育共同体，我们理应在采用新媒体、智媒体技术开发新形态教材方面起到引领示范作用。在保障教材开发全面贯彻落实职教思政建设新要求前提下，围绕使传媒产业新知识、新技术、新工艺、新方法等内容准确、及时、有效进入教材，要主动将新形态教材开发与结构化教学团队建设、模块化课程内容构建衔接起来；要及时总结新型活页式教材、工作手册式教材开发经验；要积极探索增强现实技术、虚拟现实技术等复合数字教材开发模式；要统筹规划新形态教材与教学资源库、在线课程等其他数字教学资源的联动建设，以教材改革为抓手，带动教师改革、教法改革。

当然，联盟也将持续强化教材建设中的平台作用，编制建设规划，分享合作机会，加强指导评价，加大推广应用，为联盟高质量教材建设提供高水平服务。

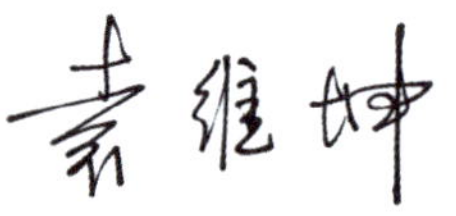

前言

随着大数据、人工智能和5G技术的逐渐成熟，互联网新兴设计成为了主流，数字媒体交互设计就是其中的突出代表。数字媒体交互设计行业不断发展并趋向成熟，对交互设计师的要求也日益提高，要求从业者同时具备T型知识结构和跨界处理问题的能力。

根据“产教融合、课证融通、岗课赛证”的要求，本教材编写立足于职业教育的发展，紧密对接企业人才需求，融入课程思政内容，对标1+X数字媒体交互设计职业技能等级证书的考试内容。学生通过项目模块的学习，可具备媒体推广、平台运营、产品交互等工作所需的岗位能力，掌握跨学科、多元化的职业技能，能够适应未来职业发展的需要，成为全链路设计师。

目前市面上较多的数字媒体交互设计教材只专注于知识传授，缺少课程思政方面的内容设计，针对该问题，本教材将数字媒体交互设计师应该具备的职业道德、职业素养、使命责任融入专业内容，在知识传授中发挥育人作用。本教材编写引入真实项目，内容编写以实用性、实践性、实战性为出发点，使教材适应未来技术发展、满足多个学科领域的需求。

本教材编写团队主要由高校教师和企业专家组成，苏陆任主编，刘青青任副主编，韦雨君、莫舸、尹亮宇、韦义超、刘宇敬参与编写。其中项目1由苏陆、刘青青编写，项目2由韦雨君编写，项目3、项目5、项目9、项目11至项目13由苏陆编写，项目4、项目6由刘青青编写，项目7由刘青青、莫舸编写，项目8由尹亮宇编写，项目10由刘宇敬、韦义超编写。

本教材适合作为用户体验、交互设计、数字媒体艺术设计等课程的教材，也可供从事互联网设计的交互设计师、UI设计师、产品经理阅读。

由于编者水平有限，书中难免有不妥之处，恳请读者批评正。

编　者

2021年12月

目录

项目 1

确定茶类 APP 用户调研方案并实施

项目导读

“梦境茶园”是一款以黄姚古镇为特色亮点，集茶叶展示、销售、包装、文化旅游于一体的移动 APP。该项目的甲方希望通过订制一款专属的移动 APP，将自身的茶类产品、茶叶品牌、茶叶文化与电商渠道紧密融合，形成一个商业闭环。开发一款移动 APP 产品，首先要了解 APP 的用户人群、产品定位、商业需求等，因此数字媒体产品设计的第一个工作环节就是要做好用户调研，通过搜集信息、挖掘数据、整合需求，形成用户调研方案。

教学目标

★ 掌握多种交互设计的用户调研方法。

★ 掌握用户画像的绘制方法。

★ 掌握用户地图的绘制方法。

任务 1 “梦境茶园”APP 用户调研方法

【任务描述】

根据甲方的需求和 APP 的功能定位，采用针对性强、实效性高的用户调研方法开展调研。

【任务要求】

通过对“梦境茶园”项目需求的理解，采用定性研究和定量研究相结合的用户调研形式，获得用户的心理诉求，得到用户真实的行为反馈及使用习惯等信息。

【知识链接】

互联网产品除了具有互联网属性，还具备行业属性，不同的行业会有不同的行业属性标签。设计师在设计不同的互联网产品时，一定要深入了解产品服务的人群、市场、行业及文化。“梦境茶园”是一款茶旅APP，针对该项目，要做出“有温度”的互联网产品，设计师必须对中华茶文化和黄姚古镇有更深的了解，认同自己的民族文化和历史。

茶，世界三大饮料之一，源于中国，在《诗经》《本草纲目》《茶经》等古籍文献里都有记载和描述。茶文化就是“一片树叶的故事”。不同的地域和工艺形成了丰富的茶叶种类，有绿茶、红茶、白茶、黄茶、花茶、黑茶、乌龙茶等。茶、水、器具、居室，一同营造了中国品茗文化的“和”“静”“怡”“真”。

黄姚古镇，位于广西贺州昭平县，2007年被国家文物局列为第三批“中国历史文化名镇”，2020年11月位列4A级景区品牌500强榜单第2位，有“诗意地标”之称。黄姚古镇是一个有着九百多年历史文化的明清古镇，属于典型的喀斯特地貌，素有“小桂林”之称。

用户研究一般分为定性研究和定量研究两种方式。

1. 定性研究

定性研究（Qualitative Research）选取小规模样本对事物性质、构成、规律进行归纳分析，是一种归纳法，描述及解释事物现象，是由表及里、去粗取精的一种研究性探索，也被称为性质研究。在研究用户消费心理、使用习惯、功能诉求时，定性研究可以使用观察法、用户访谈法、焦点小组法、可用性测试法、卡片分类法、日记/录像研究法等。以下是几种常用的定性研空调研方法，可以根据不同项目的实际情况选择使用。

（1）观察法。观察法具备一定科学性，带有研究目的，具有计划性、系统性和可重复性。在实际业务中，需要设定观察者的要求、选定观察对象、确定观察研究方向等。观察法可以借助相关设备，制订好提纲计划，按照计划执行，做好详细的观察记录，然后对记录和资料进行整理、分析、归纳概括，最后得出结论。

（2）用户访谈法。进行用户研究时经常需要与用户进行有效沟通，用户访谈就是通过面对面提问交流的方式，了解用户的产品诉求、产品体验、行为习惯等信息数据。用户访谈首先要确定目标被访者，准备好访谈问题要点，安排日程并发出邀请，然后才能开展用户访谈。形式上用户访谈可以借鉴各类访谈节目的形式开展，根据实际项目可以增减介绍、暖场、提问等访谈环节。

（3）焦点小组法。一些项目里面会采取多人同时对相关问题进行讨论的方法，即“焦点小组法（Focus Group），在形式上类似于座谈会。使用焦点小组法，可聚焦问题要点，在有限时间内直接面对多个访谈对象，快速收集用户的诉求、用户的体验、用户的使用行为等信息，为之后的项目产品设计提供依据材料。焦点小组人数一般控制在10人左右（6～8人为宜，12人为大型焦点小组），且需要1名主持人做相关介绍和引导访谈，发挥控场作用。

（4）可用性测试法。在用户调研阶段，除了与用户开展访谈之外，为了验证产品相关功能是否可行及有效，也可以邀请用户参与产品测试。这类以项目任务为导向的实验方法，通过用户使用产品的体验来检测产品功能、验证任务流程，并做好观察和记录。从测试过程得到解决问题的信息数据，即为可用性测试（Usability Test）。

（5）卡片分类法。互联网产品是具有一定规范性和设计性的信息架构产品，通过用户调研的卡片分类法（Card Sorting），可帮助设计师、开发人员、产品经理研究用户心理诉求和认知模式以及理解产品的组织框架。测试人员通过使用卡片分类法，可搭建产品功能，构建产品信息框架，创建产品功能和产品逻辑均符合用户预期的产品原型。卡片分类法是一种成本低、操作简单、快速方便的用户研究方法。

（6）日记/录像研究法。用户研究的日记研究法（Diary Study），也叫日志研究法，指在一定的时间内持续对用户日常活动进行记录，捕捉用户行为习惯、用户体验、用户需求等多方面信息。随着技术的不断进步，录像、录音也可作为日记材料的记录载体。

2. 定量研究

定量研究（Quantitative Research）又称量化研究，与定性研究相对，该研究方式是通过大规模的样本进行数量分析、数据整理、数学测算，经过统计分析和建立数学模型来考察和研究事物的一种演绎方法。定量研究方法包括：观察法、问卷调查法、眼动研究法、A/B 测试法等。

（1）观察法。定量研究中的观察法，主要是围绕数值变化进行观察，必须建立量化的标准结构，按照制订好的观察提纲，有目的、有计划、有标准地进行详细记录，最后，通过整理、分析、概括得到观察结果。

（2）问卷调查法。问卷调查法（Questionnaire）是以设计好的具有针对性的问题，通过问卷形式向被调查者了解情况、征询意见、发现问题及收集所需信息的研究方法。问卷调查可以分为结构问卷、无结构问卷、半结构问卷 3 种形式。结构问卷是一种限制性问卷；无结构问卷并非没有任何结构，只是问答无统一格式；半结构问卷融合了以上两种形式。

（3）眼动研究法。科技进步使用户研究可以借助一些特殊设备仪器对调研对象的视线运动进行捕获及追踪，通过眼球运动的数据采样，可以得到直观高效的用户信息。该研究方法对硬件设备要求较高，且眼球追踪只能捕捉人的外显行为，不能准确描述用户的心理诉求。

（4）A/B 测试法。A/B 测试法是互联网公司经常使用的一种用户研究方法，针对所需要研究的问题，准备两套（A/B）或多套（A/B/N）方案，提供给两批或多批测试者进行测试，每批测试对象测试不同的方案，通过数据对比找到效果更好的方案。

【任务实施】

在移动互联网产品 APP 的研发过程中，普遍用到的用户研究方法是用户访谈法、问卷调查法以及 A/B 测试法。本项目围绕用户对“梦境茶园”APP 的研发诉求，制订及执行用户调研方案。

“梦境茶园”项目用户访谈法

（1）确定目标用户。“梦境茶园”APP 的目标用户主要以 C 端的个人用户为主，主打喜欢茶文化的年轻人群、吸引黄姚古镇的游客、辐射茶产业链的茶商茶农等人群。用户调研首先需要确定调研对象，即“向对的人问对的事情”，选择不同用户人群作为访谈对象，获得不同的产品需求。确定目标用户的表样例见表 1-1。

表 1-1　确定目标用户

访谈对象	中心话题	目标需求
年轻人群		
黄姚古镇游客		
茶叶销售商		

（2）制订访谈大纲。招募和筛选访谈对象，与被访者确定好访谈时间后，进行访谈问题准备，这需要制订一个访谈大纲。访谈大纲主要是设置讨论的问题，聚焦用户诉求和产品功能，罗列访谈问题点。访谈过程按照访谈大纲的题目进行提问讨论。访谈大纲没有固定的形式，可以是一整套的方案计划，也可以直接是问题点的列举，围绕茶类 APP，由浅入深地进行发问，见表 1-2。

表 1-2　访谈大纲

编号	提问	回答	备注
1	使用过哪些茶类 APP		
2	茶类 APP 必须具备哪些功能		
3	最喜欢电商 APP 的哪个功能		
4	最喜欢哪个茶叶品牌		
5	需要补充的功能		

（3）用户访谈流程。大多数的用户访谈流程都包含了介绍、暖场、提问、回顾、结束这 5 个环节，如表 1-3 所列。

表 1-3　访谈流程

编号	环节	内容	备注
1	介绍	欢迎、自我介绍、访谈目的说明	开场
2	暖场	穿插话题、放松心情、活跃气氛	
3	提问	引导问题、一般问题、深入问题	发展
4	回顾	每个谈话部分可以适当进行小结和回顾	
5	结束	感谢被访对象	结尾

【思考与练习】

掌握定性研究和定量研究两种用户研究方法，根据不同项目选择合适的用户调研方法。无论使用哪种用户调研方法，都要遵循科学规律。课后使用用户访谈法、A/B 测试法做一个汽车 APP 的用户调研。

任务2 根据调研结果制作用户画像

【任务描述】

根据用户调研掌握的信息，制作（绘制）“梦境茶园” APP 的用户画像。

【任务要求】

通过之前用户调研获得的用户产品信息，产出“梦境茶园” APP 用户画像，确立关键词，建立标签体系，进行用户形象化描述。

【知识链接】

用户画像（User Portrait，也被称为 User Profile），最早由“交互设计之父”阿兰•库珀提出，在交互设计领域则指创建用户角色（Persona）。用户画像不能仅凭猜想，而应通过前期用户调研收集的用户社会属性、消费行为、生活习惯、产品使用数据等信息，整合归纳出行为相似、需求一致、痛点相同的“半虚构用户”，从而更好地帮助理解目标用户。

用户画像基于真实数据分析整理，提炼了典型用户的特征，人物形象是虚构的，细节特征描述是真实的。用户分析、标签体系构建、画像绘制是完成用户画像的三个步骤。用户分析围绕人物属性、背景信息、用户故事、痛点问题、目标诉求、使用行为等开展调研。标签体系构建就是把用户信息归纳为一个个标签，便于理解和查询。按照不同需求和定位，标签体系分为标签层级（一级标签、二级标签、三级标签……）、标签类别（原始数据、事实标签、模型标签、高级标签）、标签内容（人物属性、兴趣爱好、活动场所、家庭情况、消费水平……）。

【任务实施】

1. 分析用户

绘制用户画像必须建立在通过用户研究法获得的真实数据之上。通过收集各类关键数据，以目标用户的行为动机作为焦点，将数据信息抽取出来创建人物角色（用户模型或用户简介）。人物角色是一类用户群体的典型性代表，其可以使用户形象变得更真实、丰富，是代表用户诉求的虚构人物。

2. 构建标签体系

标签，也可以理解为关键词，通过将用户各类行为及属性特征进行标注、标识，形成各类标签，完成标签体系构建。绘制多个用户画像时，依据给用户贴上的各种标签，可以对用户人群进行分类（目标用户、潜在用户、一般用户），方便对不同产品和服务进行研究或运营。标签属性一般可以分为基础属性、社会关系、行为特征、业务相关，如表 1-4 所列。

表 1-4　标签属性分类

属性	内容
基础属性	姓名、年龄、性别、身高、教育、职业、收入
社会关系	婚姻、家庭成员（有无小孩、老人）、社团组织
行为特征	基本行为：安装注册、日常单击
	业务行为：购买优惠产品、推送朋友圈
业务相关	饮茶习惯、爱好、旅游、赠送礼品

3. 绘制用户画像

用户画像是对用户诉求、用户行为及其情感体验等关键标签的描述与勾画，绘制工具和图像风格服务于业务需求，务必保证一张图里的表述清晰到位。

（1）强调关键点（目标、行为、观点）。设定用户画像的名称（不是人物角色姓名），从目标、行为、观点去定义，凸显产品关键点。

（2）人物角色的姓名、照片、个人信息、家庭结构。虚构的用户原型是某类用户人群的典型代表，不是具体的某个人。姓名和照片是为了将用户调查中分散的信息资料关联起来。

（3）APP 产品使用情况。归纳概况用户使用产品的行为及习惯，以及日常一天的生活轨迹等，重在提炼用户对产品功能的使用信息。

（4）使用场景。目标用户使用产品的场景主要分为室内场景、户外场景、线上场景。

（5）其他要点信息。根据项目实际需要，为了让用户形象更加真实丰富，可以添加一些信息帮助了解用户需求及进行深入研究，比如添加用户个性签名等。

根据调研结果绘制典型用户画像。图 1-1 所示为用户画像样例。

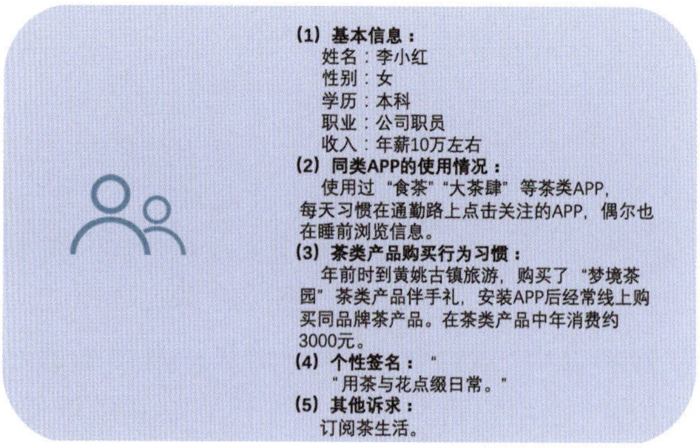

图 1-1　用户画像样例

【任务拓展】

通过制作用户画像的练习，掌握用户分类、建立标签、绘制用户画像。请尝试制作目标用户、潜在用户及一般用户的用户画像，具体见表1-5。

表1-5 用户分类及其属性

分类	属性
目标用户	理想用户，需求必须满足的首要人群
潜在用户	满足部分需求
一般用户	普通用户、老用户

【思考与练习】

在本任务中，我们通过分析用户调研数据、洞察用户诉求及行为习惯，按照相关步骤进行用户画像绘制。制作用户画像是对应人物模型的调研方法，是以人为中心开展调研，同样还有以物为中心的“产品/商品画像”的绘制，研究方法和步骤与“用户画像”大致是一样的，读者可以根据所学知识尝试绘制“产品/商品画像”。

用户建模

任务3 绘制用户体验地图

【任务描述】

通过用户画像信息，将用户体验的痛点、爽点、阶段行为、使用流程进行可视化的图表展现。

【任务要求】

调用前期的用户画像信息，结合项目实际绘制用户体验地图。

【知识链接】

用户体验地图（User Experience Map）是针对整个产品流程，通过讲故事的形式描述用户使用产品的体验行为、用户情感、用户诉求、痛点、满意度等信息，并运用视觉化的图表图形对上述信息进行展示。简而言之，绘制用户体验地图就是绘制一张图，采用讲故事的方式，从一个用户视角开始描述和记录他对产品服务的体验及与其交互的过程。

用户体验地图是一种梳理用户体验和使用环节的设计工具，通常由三部分组成：

（1）用户目标：对产品有某些需求或想获得某些服务体验。

（2）体验行为及过程节点：包括用户对体验的想法、感受到的触点及其行为动作和情感曲线。

（3）产品机遇：产品使用的痛点，用户体验的爽点，产品畅销的机会点。

图 1-2 所示为用户体验地图样例。

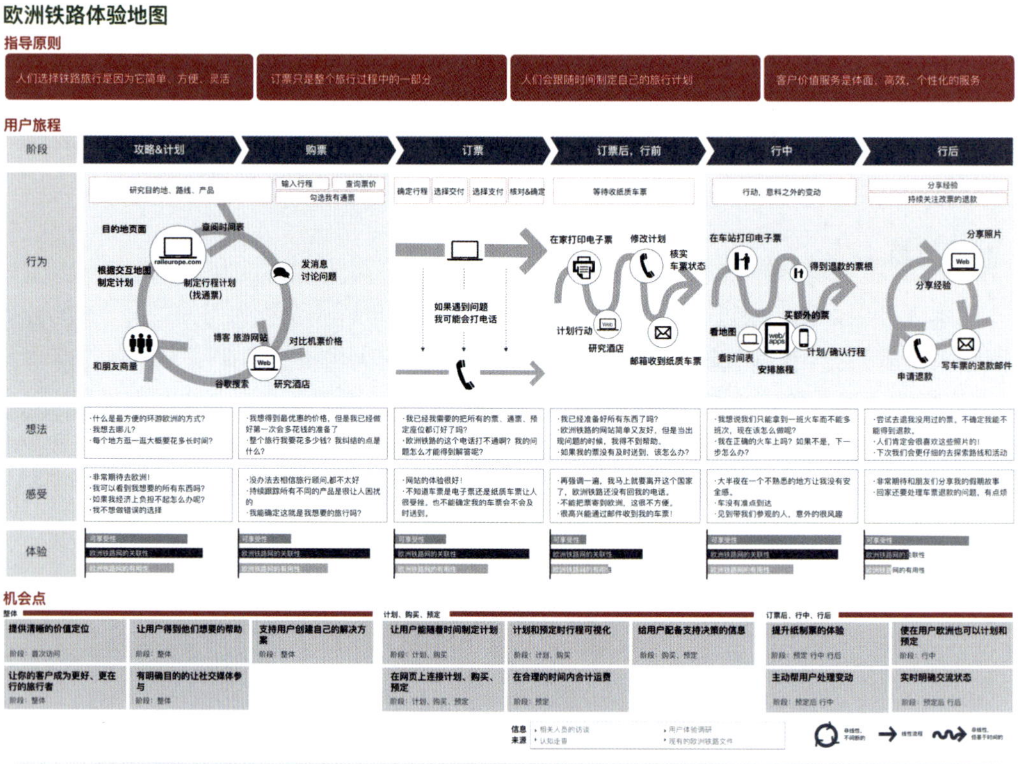

图 1-2

【任务实施】

绘制用户体验地图

（1）前期准备。用户体验地图是记录用户行为情感、发现用户的痛点及爽点、提炼产品改进机会点的可视化工作流程。“梦境茶园”APP 项目通过用户调研及绘制用户画像，具备了绘制用户体验地图的基础，具体如图 1-3 所示。

图 1-3

（2）开始绘制。依据大量的调研数据及生成的用户画像，绘制用户体验地图可以参照常用的体验地图模板来进行嵌套，关键在于解决用户痛点，优化用户体验，实现用户增长和产品升级，具体内容见表 1-6。

用户体验地图

表 1-6　绘制用户体验地图所涉及的具体内容

阶段	阶段 1	阶段 2	阶段 3	阶段 4	阶段 5	阶段 6
用户目标						
行为						
接触点						
想法						
情绪曲线						
痛点 / 机会点						

【思考与练习】

在本任务中，要避免只为“美化”而绘制用户体验地图，不能忽视前期调研及用户画像构建，要基于真实数据。用户体验地图是整个产品的行为需求、路径节点、情绪反馈的梳理及描述。对特定场景或某个模块更深层次的交互研究，感兴趣的读者可以使用“用户体验地图”自行学习，这里不再展开讲述。

项目 2

茶类 APP 竞品分析

项目导读

在设计一款产品之前，除了明确用户的需求，还需要做好市场定位和探寻商业模式。竞品分析可以帮助我们了解正在研发的产品的行业现状，对相应的用户细分、盈利模式及竞争关系进行预判。

教学目标

★ 掌握竞品分析方法。

★ 掌握竞品分析报告撰写方法。

任务 1 撰写竞品分析报告

【任务描述】

根据 APP 的功能定位，挑选出它的直接竞品、间接竞品和潜在竞品，了解竞争对手，同时发现潜在的竞争对手，梳理自身产品的脉络以及寻求新切入点，以在竞品分析报告中明确阐述自身产品的核心竞争力。

【任务要求】

通过对竞品的分析，进一步认识用户需求，把握用户需求的功能点和产品的界面结构以及用户的使用习惯，确定市场切入点，验证以前的市场方向是否正确，最终形成有独特观点的竞品分析报告。

【知识链接】

竞品是指竞争产品，即竞争对手的产品。竞品分析本质上是一种比较研究法。简单地说，竞品分析就是先找出竞争对手的同类产品，再对其进行市场比较和分析。

对产品进行竞品分析可以随时了解竞争对手的产品和市场动态；了解竞争对手的背景、市场用户细分群体的需求满足现状和空缺市场，以保持自身产品在市场中的竞争力和稳定性，并快速提升市场占有率。下面将对竞品分析的相关知识进行讲解。

1. 竞品分类

竞品可以分为 3 类，分别是直接竞品、间接竞品和潜在竞品，具体介绍如下。

（1）直接竞品指的是市场上与待开发的产品有相似度极高的定位、方向目标、产品功能、用户需求、客户群体的产品。对直接竞品进行分析，可以从中借鉴这些产品的优点，使待开发的产品可以弥补同类产品的不足之处。例如，QQ 音乐就属于网易云音乐的直接竞品，这两款 APP 产品的图标分别如图 2-1 和图 2-2 所示。

图 2-1

图 2-2

（2）间接竞品指的是各自着重功能点不一样，但具有某些相似功能的产品。间接竞品会降低待开发的产品的使用率。对间接竞品进行分析，可以帮助设计者对待开发产品的功能优先级进行排序，并确定产品要突出的功能。例如，天猫就属于小红书的间接竞品，这两款 APP 产品的图标分别如图 2-3 和图 2-4 所示。

图 2-3

图 2-4

（3）潜在竞品（也称异化竞品）指的是竞争者在行业利润达到一定规模时可能进入市场并利用其现有资源对竞争格局产生重大影响的产品。研究这类产品，有助于预先提防它们进入待开发产品的市场范围或者提前避开它们的切入点。例如，支付宝是一款金融交易服务的软件，其 APP 图标如图 2-5 所示，而微信则是一款社交软件，其 APP 图标如图 2-6 所示，虽然这两款产品目标不同，但很可能会由潜在竞品的关系向直接竞品关系转化。

图 2-5

图 2-6

2. 竞品分析的维度

竞品分析可以从以下维度进行：战略层、范围层、结构层、框架层、表现层。这些维度随着产品开发阶段的演进而发展，具体介绍如下。

（1）战略层：对产品的目标、定位以及优势进行对比。

（2）范围层：对产品的主要功能以及功能数据（各功能的互用活跃数据）进行分析。

（3）结构层：对信息流程、页面层级、界面布局进行分析。

（4）框架层：对交互设计（即产品页面的布局、导航等）进行分析。

（5）表现层：对视觉设计，也就是配色方案和布局风格给用户带来的感受方面进行分析。

注意：竞品分析并不是只在某个特定阶段才开展，而是在整个项目开发过程中的每一个阶段（如收集需求时、功能优化时及迭代时）都要配合进行。

3. 竞品分析方法

在对竞品进行分析的过程中，我们需要采用一定的战略分析方法，才能够从数据中得到有效的结论。竞品分析方法中常用的是现代战略分析法，例如，SWOT（Strengths Weaknesses Opportunities Threats）分析方法。SWOT 分析方法的简略说明如图 2-7 所示。

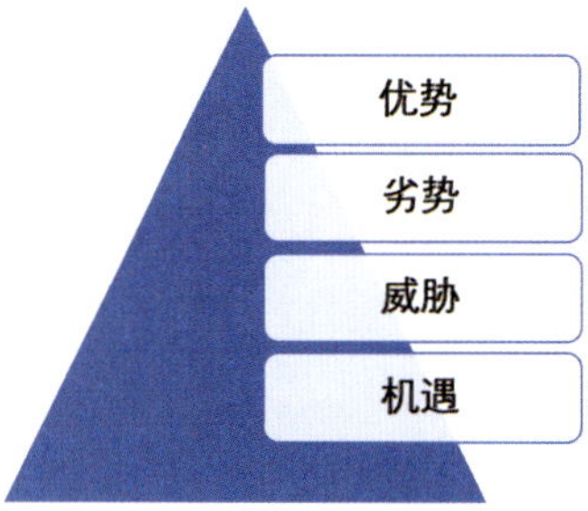

图 2-7

4. 竞品分析报告的撰写

作为交互设计师，在做完竞品分析之后要撰写一份竞品分析报告。竞品分析报告需要包含以下 3 部分内容。

（1）阐述在竞品分析中得出的见解和主张。

（2）阐述竞品分析的目的，以及针对哪些竞品、从哪些维度、用哪些方法进行了研究，得出了怎样的结论。

（3）根据竞品研究成果，给出对相关工作的提议或提案。

竞品分析报告中一般应包含报告的基本信息，使阅读者知道该份竞品分析报告是在何时由何人做出的，以便在后续的竞品分析中进行参考和补充。

做竞品分析报告的目的是，通过竞品分析，明确产品需求是否为市场的痛点，明确产品的相关想法是否可行及是否真的解决了用户的需求，了解市面上是否已经有类似的产品，它们是怎么做的，做得是否足够好，还有哪些待挖掘的机会。通过做竞品分析报告，可帮助我们做出产品决策。撰写竞品分析报告要运用一定的方法做竞品分析，形成自己的观点并将其体现在竞品分析报告中。图 2-8 所示为竞品分析报告格式样例。

竞品分析工具

茶产品竞品分析报告

报告人：________

报告日期：______

版本记录

日期	作者	修订记录

图 2-8

【任务实施】

（1）首先确定茶类 APP 的直接竞品、间接竞品和潜在竞品有哪些。

（2）运用 SWOT 分析方法对竞品进行分析

（3）通过撰写竞品分析报告，得出“梦境茶园”APP 的市场痛点，以及其与其他竞品的区别，找到“梦境茶园”APP 的市场切入点。

【任务拓展】

通过对竞品分析方法的学习，可以对产品进行一定的竞品分析，并形成具体的竞品分析报告。请思考：如果已经有了竞品分析的固定维度和模版，又如何进行竞品分析呢？

【思考与练习】

通过撰写竞品分析报告，我们应基本掌握了竞品分析的基本方法，此外我们也可以试一试多个种类的竞品分析，在分析的时候可以思考：这些竞品是通过什么占据了市场？其特点和优势是什么？“梦境茶园”APP 需要如何产生自身的核心竞争力来满足用户需求？

项目 3

“梦境茶园”APP 信息可视化设计

项目导读

通过前面的学习和实践，已经产出了大量的调研信息及数据，我们从这些信息数据中获得了用户画像等调研结果。为了让信息数据更加直观、易读、便于记忆，可以使用信息可视化设计来提升信息传达的趣味性、独特性、丰富性。了解和掌握信息可视化设计工具的使用原理和方法，将理论贯穿于实践中，可达到事半功倍的学习效果。

教学目标

★ 掌握视觉资讯图的绘制方法。

★ 掌握图表可视化设计的方法和技巧。

任务 1 制作“梦境茶园”APP 的视觉资讯图

【任务描述】

根据前期调研获得的信息数据，采用信息可视化设计的理论和方法，完成视觉资讯图的制作。

【任务要求】

通过信息可视化设计，将收集到的数据信息绘制成视觉资讯图，达到便于理解和记忆的目的。

【知识链接】

1. 信息可视化

可视化（Visualization）是利用计算机图形学和图像处理技术，将数据转换成图形或图像在屏幕上进行显示，并进行交互处理的理论、方法和技术。区别于偏向科学研究及数据应用的科学可视化、数据可视化，信息可视化（Information Visualization，InfoVis）侧重于信息整理归纳和有效传达。比如，地图就是一种信息可视化的呈现。如图 3-1 所示，茶船古道图将整个六堡茶（广西壮族自治区梧州市的特产）的传播范围进行了呈现，让人一目了然。

图 3-1

2. 视觉资讯图

资讯，即及时通过图片、数字、文字等形式带给用户有价值的信息。资讯图即是以视觉形式描述呈现资讯的做法。资讯图可以由资讯、数据、插画等元素搭配组成。用信息数据讲好“故事”，重点在于吸引受从的注意力及快速传递信息。比如，常见的垃圾分类提醒说明就是一种资讯图，如图 3-2 所示。

图 3-2

【任务实施】

在调研阶段，将搜集到很多关于茶叶行业发展的数据以及用户信息，首先将信息进行整理，找出对产品有用的信息，分出优先级，然后进行数据分析，为快速高效传递信息，最后还要进行可视化设计。

（1）信息整理。聚焦信息，对茶类用户的消费心理及行为进行筛选和整理。

（2）数据分析。提炼关键词，判断数据，得到茶类消费者喝茶的主要原因。

（3）可视化设计。将整理的数据及归纳的信息，采用视觉呈现形式进行传达。

图3-3所示为呈现出信息数据+可视化的效果。

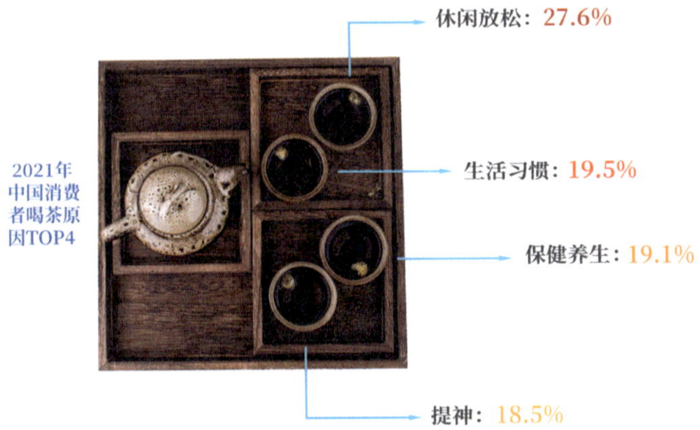

图3-3

【任务拓展】

通过资讯图绘制的练习，掌握可视化的概念及原则，快速辨别海报与资讯图的区别，可以使用资讯视觉化来“讲故事”。

【思考与练习】

好的资讯图是沟通问题的视觉性解决方案，具备实用、完整、美观等特征。使用资讯图传达信息，能够吸引人的注意力、帮助理解、加深记忆。

任务2 “梦境茶园”APP信息图表可视化设计

【任务描述】

根据已有的茶叶类信息数据，使用相应图表进行可视化设计。

【任务要求】

通过学习掌握各类图表的功能及作用，依据不同信息数据可以判断采用哪些图表进行可视化的设计和呈现。

【知识链接】

1. 图表种类

图表是常用的信息归纳整理工具，按照图表的功能进行划分，可以分为构成、比较、联系、分布 4 种类型图表，如图 3-4 所示。

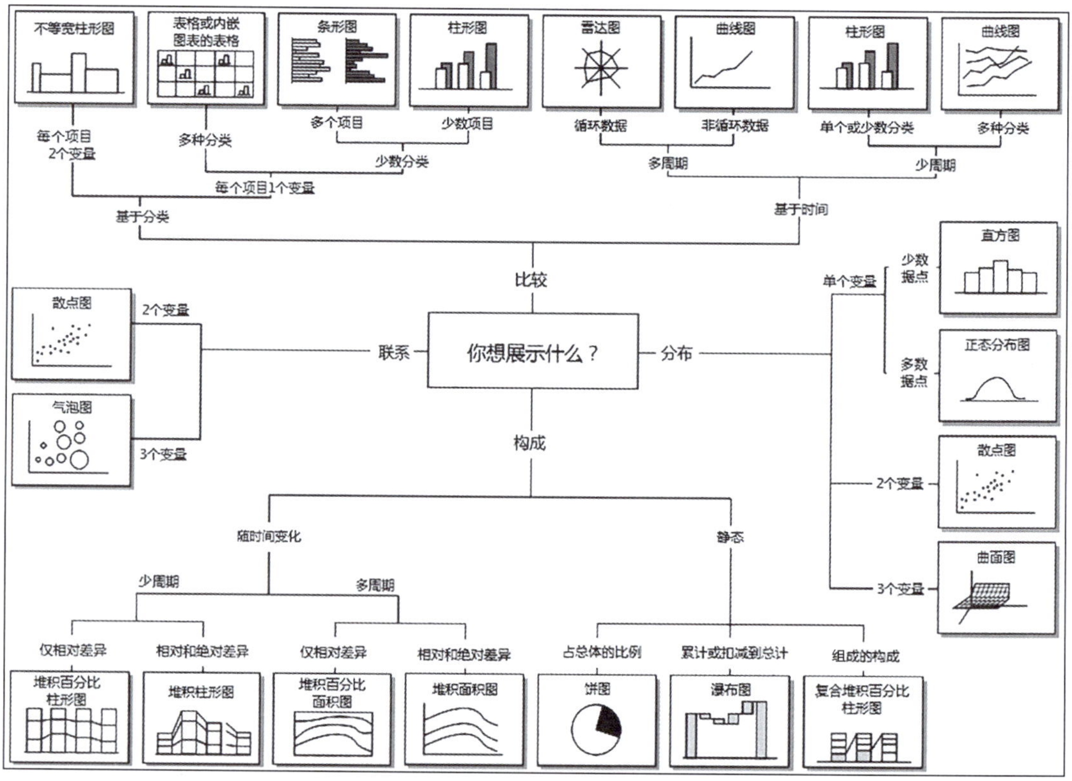

图 3-4

2. 图表可视化需求

图表是一种信息数据结构，可视化是一种信息数据的设计。将图表进行进一步的可视化，是因为使用图表传达信息也存在“痛点”，主要表现在以下两方面。

（1）图表的信息数据都很翔实，但是信息量太大，对于快速识别及记住关键点有难度。

（2）图表结构很清晰，其中的数值也很全面，可是单纯的信息数据结构不能使人们对整体变化态势一目了然。

3. 可视化设计形式

可视化设计，其实就是用信息数据"讲故事"，可以使用多种方法将抽象的信息数据具象化，例如，采用图形符号、利用情景照片、通过 3D 立体呈现、进行动效设计等。

（1）图形符号，除可以进行直观呈现外还具有普适性，避免语言文字识别障碍，如图 3-5 所示，虽然图中说明使用英文，但是可以通过图形符号粗略辨别出是关于男女学生的某个问题的数据对比。

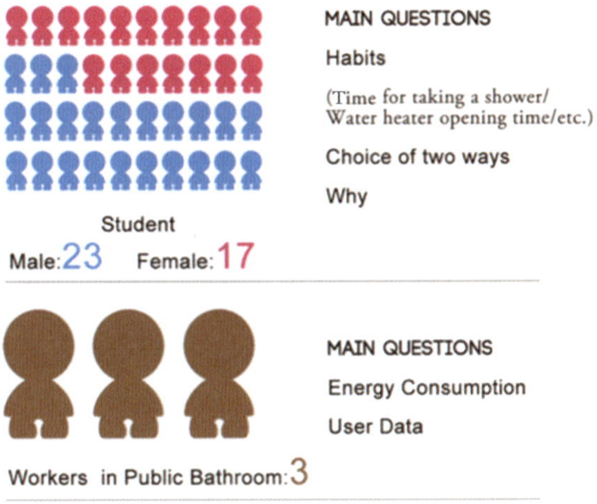

图 3-5

（2）情景照片，是使用真实场景照片让受众产生触动和共鸣，具备代入感、还原性、场景化、生活化等特征，如图 3-6 所示。

图 3-6

（3）3D 立体呈现，是使用 3D 具象模型表达抽象数值，如图 3-7 所示。

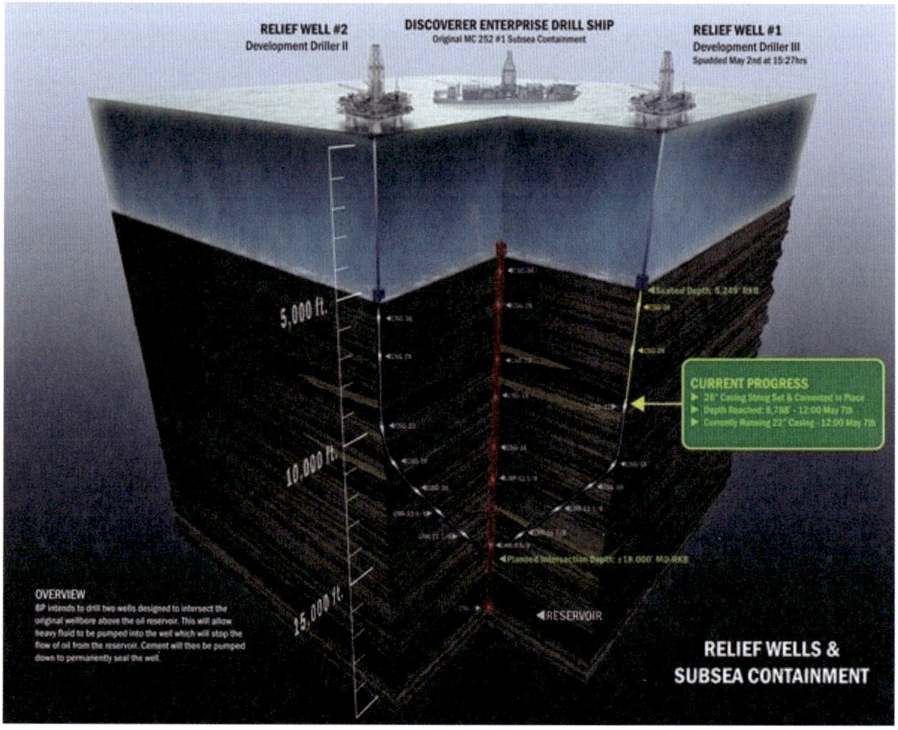

图 3-7

信息可视化设计

（4）动效设计，强调信息数据的动态表现，当信息数据与交互动画或视频相结合时，可以展现更加复杂和多维的数据信息，如图 3-8 所示。

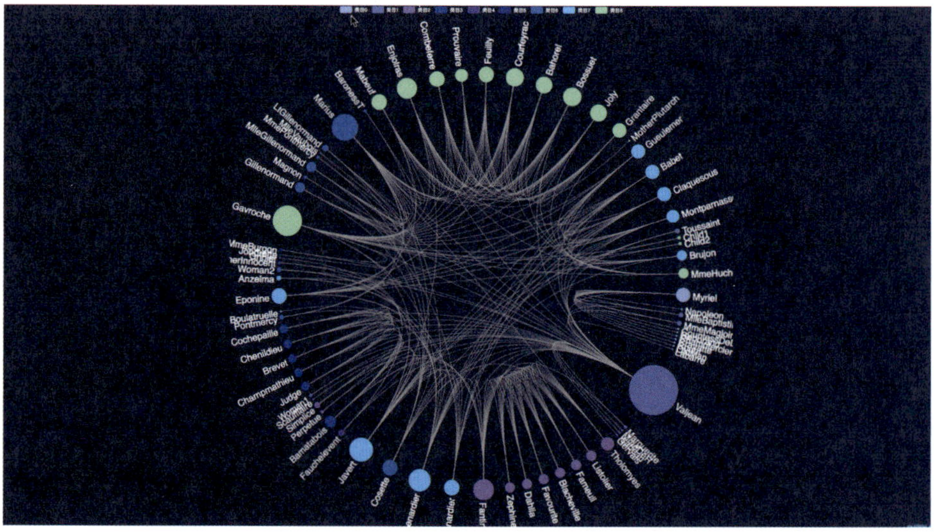

图 3-8

【任务实施】

“合理茶水比”图表可视化设计

（1）对“梦境茶园”APP 里“茶养生”功能模块中有关茶水冲泡配比的信息数据进行整理，生成对应的表格，具体见表 3-1。

表 3-1　茶水冲泡配比的信息数据

茶品类	茶水比例
名优绿茶、红茶	1:50
黄茶、花茶	1:50
大宗绿茶、红茶	1:75
普洱茶	1:30—50
白茶	1:20—25

（2）根据表 3-1 中的有效信息，选择情景照片的手法进行图表可视化设计，如图 3-9 所示。

图 3-9

【任务拓展】

通过信息图表可视化设计的练习，我们已经掌握了图表的分类及进行可视化设计的多种手法。读者可以使用其他方式对相关的 APP 数据图表进行可视化设计。

【思考与练习】

信息可视化设计，是基于信息数据的收集、分类、整理，再进行形象化、强聚焦及美化处理的一种设计呈现。做好信息可视化设计，主要考验创作者的逻辑思维能力、绘图能力以及知识体系的丰富程度。

项目 4

构建茶类 APP 的信息框架

项目导读

经过前期的产品调研、需求分析、竞品分析之后，到本阶段，则需要对茶类 APP 的所有需求进行结构化处理，即构建 APP 的信息框架，为接下来的交互设计提供一个明确清晰的产品设计思路，即先将产品原型以结构化的方式展示出来，让交互设计师能够从全局视角审视和思考产品的设计。

教学目标

★ 掌握信息框架的绘制方法。

★ 完成茶类 APP 的信息框架绘制。

任务 1 使用思维导图梳理茶类 APP 交互设计创意

【任务描述】

选择几款茶类 APP 进行竞品分析，使用思维导图梳理其交互设计创意，为接下来绘制本项目的茶类 APP 信息框架图做准备。

【任务要求】

理解思维导图的作用，掌握思维导图的绘制方法。

【知识链接】

1. 认识思维导图

思维导图又被称为脑图、心智图等，是人们在学习和工作场景中，将思路、灵感等有秩序地、结构化地表达出来的一种有效工具，在 APP 信息框架设计过程中，绘制思维导图尤为重要。

常见的绘制思维导图的工具有 XMind、Mindjet MindManager 等。一般来说，思维导图由以下几个部分组成。

（1）中心主题。一张思维导图里只能有一个中心主题，所有的内容都围绕这个中心主题发散，因此中心主题的表达要清晰、准确、重点突出，便于调动思维。

（2）分支主题。分支主题从中心主题发散而来，中心主题与分支主题是层级关系。一个中心主题可以有多个分支主题；分支主题也有层级关系，即一级分支主题、二级分支主题、三级分支主题等，一级分支主题是从中心主题发散而来，二级分支主题是从一级分支主题发散而来，依次类推。层级关系主要用来表达其重要性、范围等。

（3）关联线。关联线主要有连接线、关系线、外框以及概括线这几种。连接线使用频率最高，用于连接各个分支主题；在两个不同的分支主题建立某种联系时会用到关系线；外框用于框出特定的范围加以强调；概括线用于对某个范围的内容进行总结，其作用相当于常用的括号。

（4）关键词。关键词即每一个分支主题上的概括性内容，顾名思义，关键词要简洁、概括性强，不需要太多的修饰，有助于发散思维。

（5）配色。配色的目的是通过美化、增加内容区分度来加强人们的记忆。使用配色的时候，特别要注意思维导图中不同分支主题的层级关系，而不能一味追求美感。在实际工作中，如果不是用于汇报等场合，配色使用较少。

（6）配图。配图主要是为了能够更形象地说明关键词表达的内容，若不能发挥这个作用，则不需要花心思配图。

总之，思维导图是为了能够更加清晰全面地表达思路和灵感。

2. 认识 APP 的信息框架图

信息框架图是 APP 原型设计的基础，即项目团队成员根据调研的用户需求，对信息进行分析、分类整理，完成 APP 的骨架设计。好的 APP 信息框架能够让 APP 更易用、好用，并可提升用户体验的舒适度。

【任务实施】

虽然可以用纸笔或白板等快速将想法记录下来，并进行梳理，进而形成思维导图，但多数情况下我们还是要使用思维导图软件，这样可以快速高效地进行思维梳理、共享思维，建立可视化信息框架。绘制思维导图的工具有很多，但重点是理解思维导图的作用和使用方法，然后根据自己的计算机系统选择合适的工具。

下面介绍使用 XMind 绘制思维导图的方法。

1. 新建思维导图项目

打开 XMind 软件，可以看到有思维导图、逻辑图、括号图、组织结构图、树形图、时间轴等选项，选取思维导图中的一款模板，单击右下角的“创建”按钮，即可新建思维导图项目，如图 4-1 所示。

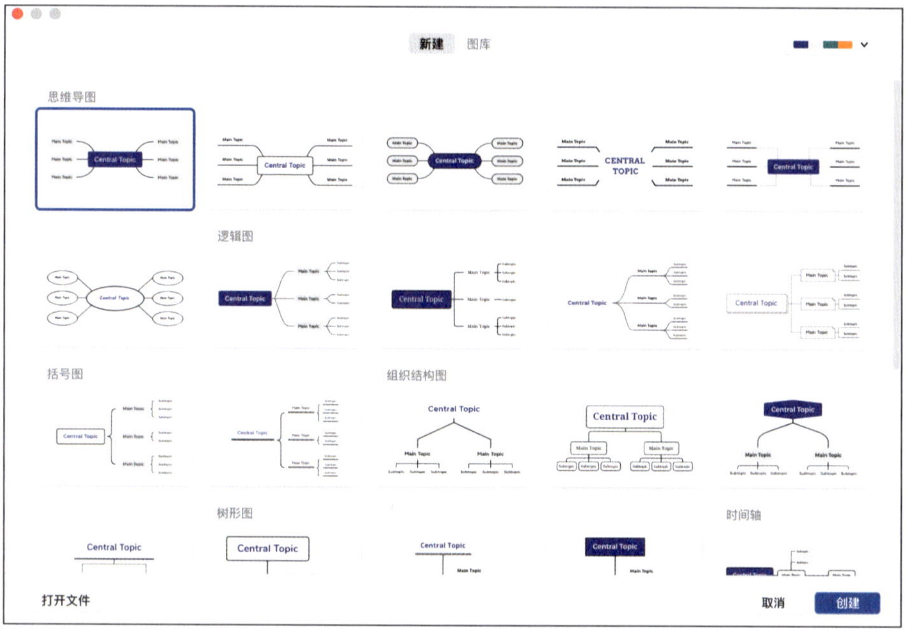

图 4-1

单击“创建”按钮后，系统将自动生成一个思维导图项目，同时出现 1 个中心主题和 3 个分支主题。3 个分支主题都可以被删除，但中心主题不能被删除。单击中心主题或分支主题，可以输入相应的关键字，如图 4-2 所示。

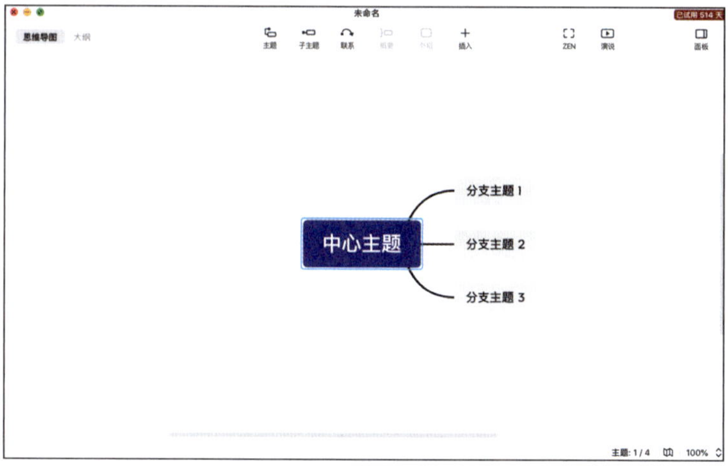

图 4-2

2. 添加或删除主题

添加主题主要有以下两种方法：一是选中中心主题或某个分支主题，按 Enter 键便可快速增加该主题的一个分支主题；二是选中中心主题或某个分支主题，单击上方的“子主题”按钮，可达到同样的效果。若想删除某个分支主题，则可以选中该分支主题，右击选择“删除”命令，或者按 Delete 键，如图 4-3 所示。

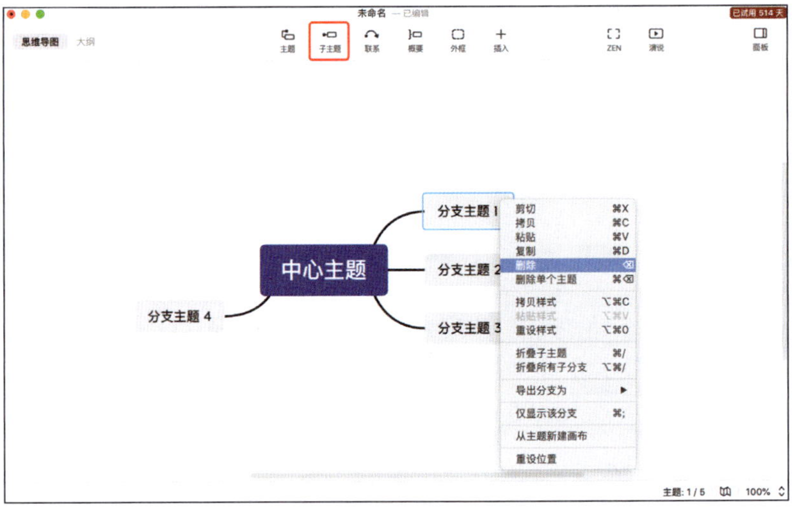

图 4-3

3. 添加主题信息

选中需要添加信息的主题，单击上方的“插入”按钮，可以插入笔记、标签、链接、附件等信息，如图 4-4 所示。

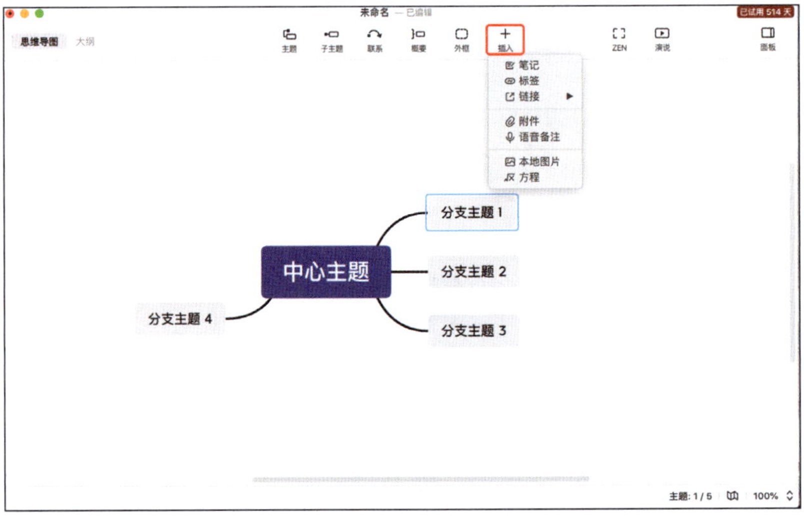

图 4-4

4. 添加主题之间的关系

选中某个主题，单击上方的“联系”按钮，可以建立相应的自由主题，如图 4-5 所示。

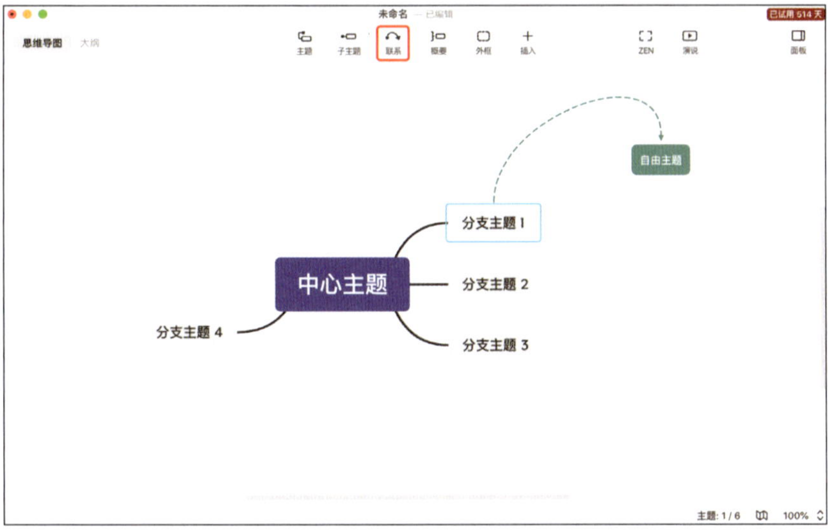

图 4-5

如果要对某几个分支主题进行概括总结，则选中这几个分支主题，单击上方的“概要”按钮即可，如图 4-6 所示。

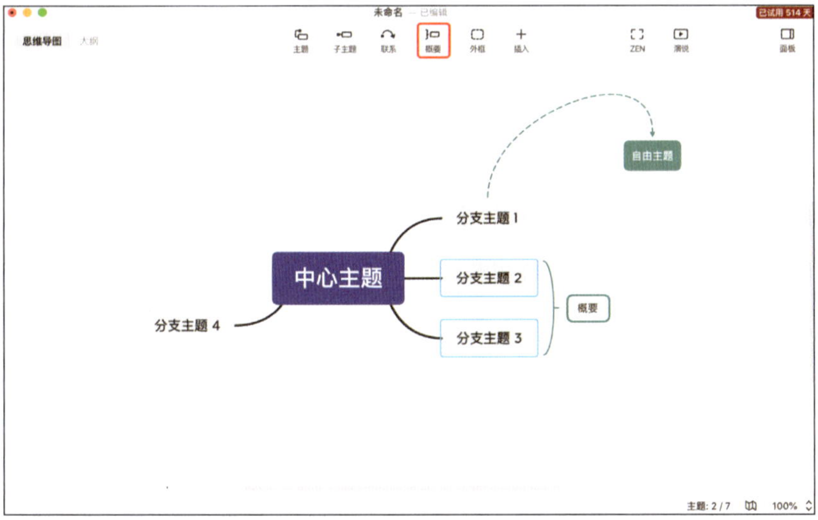

图 4-6

如果要框定某个或某几个分支主题进行特别说明或强调，则可以选中对应的分支主题并单击上方的“外框”按钮，如图 4-7 所示。

5. 保存与导出

绘制好思维导图之后，依次选择菜单栏中的“文件”→“保存”命令，即可将思维导图保存为 XMind 格式的文件，也可以将其导出为 PNG、PDF 等文件格式进行保存，如图 4-8 所示。

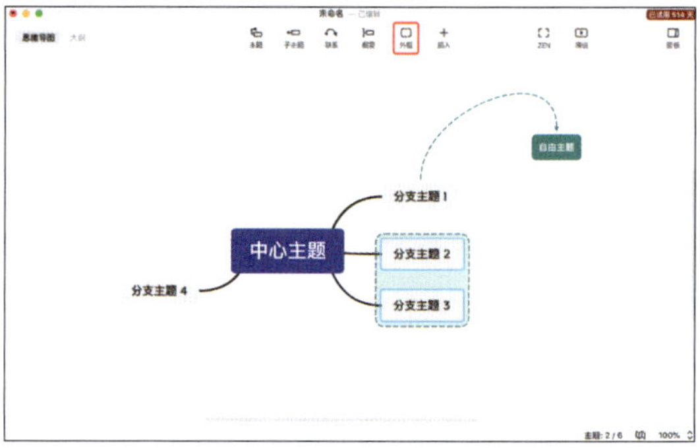

图 4-7

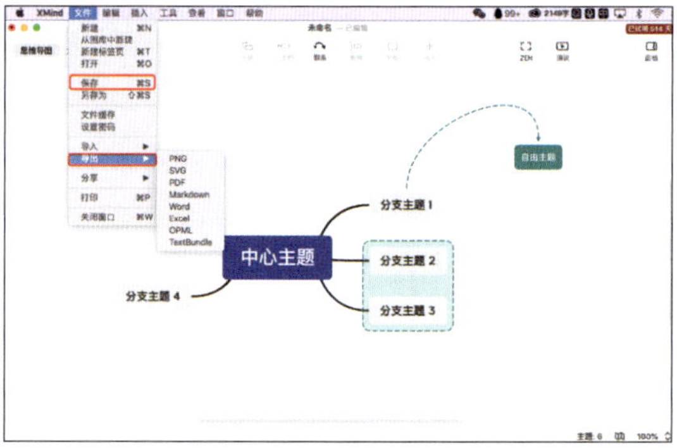

图 4-8

思维导图绘制方法

任务2 绘制茶类 APP 的信息框架图

【任务描述】

用思维导图软件绘制茶类 APP 的信息框架图。

【任务要求】

理解 APP 设计中的信息框架的含义，用 XMind 软件绘制完整的茶类 APP 信息框架图。

【知识链接】

几乎每个人的手机上都装有各种类型的 APP。我们使用过很多 APP，有的 APP“好用”，有的 APP“不好用”，要深入理解用户对 APP 的使用感受，其实就是要了解 APP 是否能快速、高效地帮助用户完成任务。

一款好用的 APP，在设计之初就要考虑如何帮助用户完成任务，提高人们依靠信息输入进而解决问题的效率，这便需要绘制信息框架。

APP 的信息框架设计很重要，它是原型的简化表达，合理的框架设计不仅能够让用户快速定位及高效率地找到所需的信息或服务，也便于 APP 的更新迭代。

信息框架图是 APP 原型设计的基础，即项目团队成员根据调研的用户需求分析及竞品分析结果，对信息进行分析、分类整理，确定功能模块和页面间的关联，让设计人员能够从全局的视角审视 APP，对 APP 结构的逻辑性进行验证和修改，使其更加完善。总之，好的 APP 结构能够让 APP 更易用、好用，提升用户体验舒适度。

在 APP 产品设计过程中，从用户角度去考虑，设计信息框架只有一个目的：让用户可以在一定的“信息规划”下更容易地找到自己想要的信息或服务。下面提供“印象笔记”APP 的信息框架图作为参考，如图 4-9 所示。

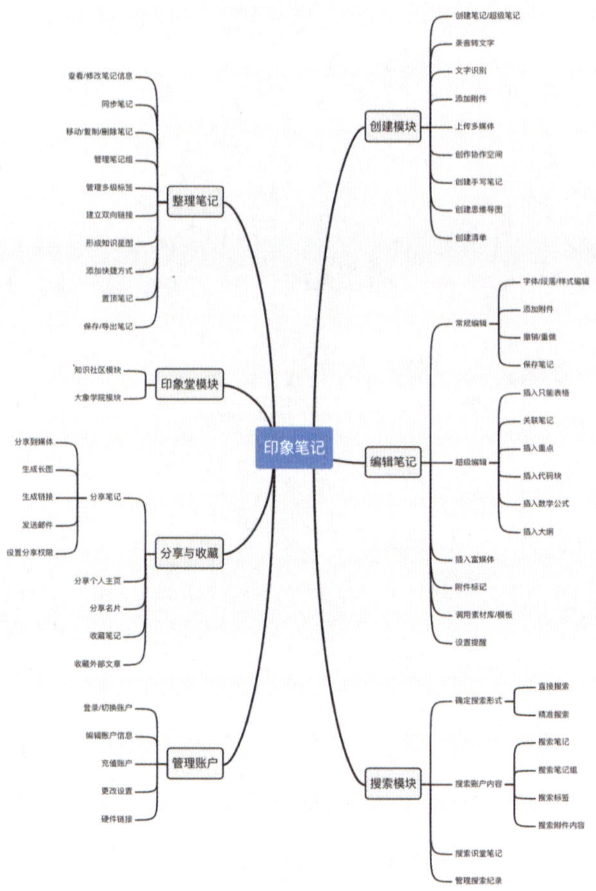

绘制 APP 的信息架构图

图 4-9

【任务实施】

1. 梳理茶类 APP 的用户需求

根据前面的用户调研、需求分析以及竞品分析，产品定位为一个集电商、科普、知识付费为一体的茶类 APP，主要有商品购买、文章阅读、课程学习等功能。

2. 绘制茶类 APP 信息框架图

用 XMind 软件绘制茶类 APP 的信息框架图，在该茶类 APP 项目提供的服务范围内，用户可以非常快速地找到想要的信息或服务，如图 4-10 所示。

图 4-10

【思考与练习】

进行分组练习，完成茶类 APP 信息框架图。

核心知识点：信息框架图的定义、功能。

要求：

（1）文案自拟，产品目标定位明确。

（2）包含 APP 底部标签、各个功能模块。

（3）作业提交 JPG 格式文件。

项目 5

绘制 APP 流程图

项目导读

通过学习流程图的绘制方法及其相应工具的使用，在产品研发各阶段可起到帮助研发团队成员之间快速沟通、相互协同、达成共识且指导线框图设计的作用。正确、规范使用流程图，是交互设计、产品研发、商业运营里的一项重要工作内容，对于产品经理和设计师而言也是必需的专业技能。

教学目标

★ 掌握流程图的符号定义及其绘制方法。

★ 掌握流程图的种类及绘制流程图的软件工具。

任务1 三种不同流程图的绘制

【任务描述】

根据“梦境茶园”APP 的项目实例，使用 GitMind 绘制流程图。

【任务要求】

通过流程图的制作，掌握 GitMind 的基础操作和流程图的分类以及制作流程图所需的符号的定义。

【知识链接】

1. 流程图概念及分类

（1）流程图概念。流程图（Flow Chart）可以理解为输入 - 输出图，即“流程图 = 流程 + 图”，是将任务、步骤、过程进行视觉呈现的一种示意图，由“流程”和“图”构成。流程图在 UML（统一建模语言）中也被称为“活动图”，可用来理解产品、了解业务、探讨解决问题的方法。流程图可用于描述为完成某一任务而进行的相关活动以及这些活动的执行顺序。它是使用框图符号表示流程顺序，两个步骤之间使用箭头进行连接的图表。

（2）流程图分类。按照结构划分，流程图可以分为顺序结构、选择结构（又称条件结构、分支结构）、循环结构（重复结构）；按照产品设计工作内容划分，流程图可以分为业务流程图、任务流程图、页面流程图；按照流程图信息描述划分，流程图可分为数据流程图、程序流程图、系统流程图等。

下面介绍流程图的结构。

1）顺序结构。顺序结构是一种简单结构，按照完成任务的顺序，完成一个步骤就进入下一个步骤。这种流程图结构简单明确，如图 5-1 所示。

图 5-1

2）选择结构（条件结构 / 分支结构）。选择结构用于在一定的条件限制下做出判断，根据判断的结果进入下一个步骤，以便控制流程步骤，而且某一判定的结果可以允许为空，如图 5-2 所示。

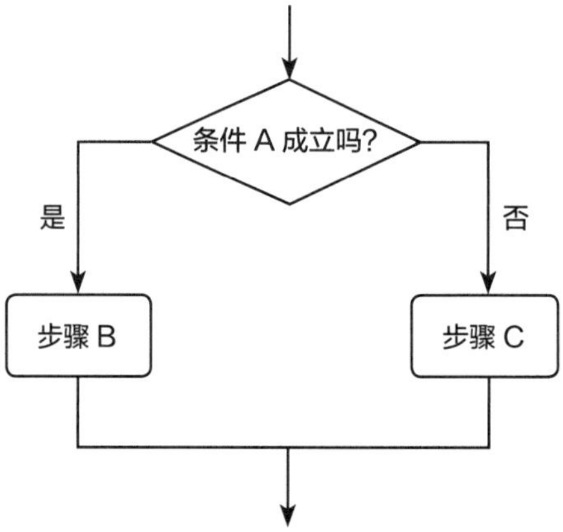

图 5-2

3）循环结构（重复结构）。循环结构也被称为重复结构，即在一定前提条件下，不断重复执行某一动作步骤，可以分为“当型结构”和“直到型结构”。

当型结构：在执行某一步流程时，先判断条件是否成立，如果成立则进入下一步骤进行循环，如不成立则结束循环。即先判断所给定的条件 A 是否成立，如果成立就执行步骤 B，执行完成后，再次判断条件 A 是否成立，若条件成立则继续执行步骤 B，不断循环，如图 5-3 所示。

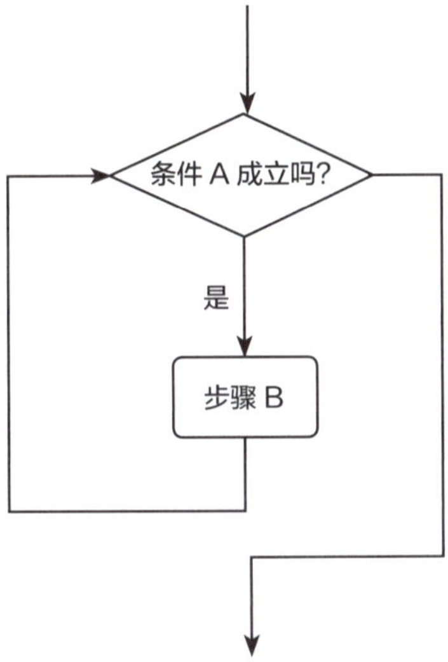

图 5-3

直到型结构：先执行某一循环流程，再判断条件是否成立，如果条件不成立，则继续执行循环流程，若条件成立则结束循环。即先执行步骤 B，再判断条件 A 是否成立，如果不成立，则继续执行步骤 B，不断循环直到条件成立，结束该流程，如图 5-4 所示。

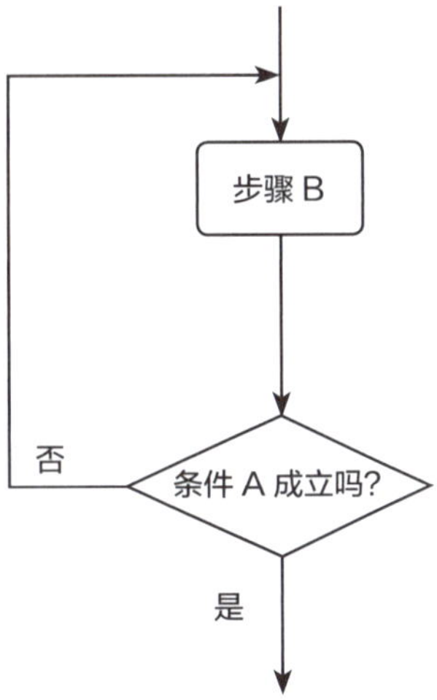

图 5-4

2. 流程图符号定义

流程图的制作有标准化、规范化、统一化的要求，因此需要理解流程图的符号定义及绘制方法。一般流程图都会用到“开始”“结束”“过程”“文档”等功能。在不同流程图中，“开始”功能会有几种图形符号表示形式。图 5-5 和表 5-1 中的图形符号来源于亿图图示（一款绘图工具），其中“开始”图形符号的形状就有区别。

图 5-5

表 5-1　流程图符号定义

符号	名称	定义
	开始或结束	表示流程图的开始或者结束
	流程	即操作处理，表示具体某一个步骤或者操作
	判定	表示方案名或者条件标准
	文档	表示输入或者输出的文件
	子流程	已定义流程，表示决定下一个步骤的一个子进程
	数据库	归档，表示文件和档案的存储
	注释	表示对已有元素的注释说明
	页面内引用	连接，表示流程图之间的接口

3. 绘制流程图的注意事项

绘制流程图需要遵循一定的城地阅读原则、符合逻辑规律并应提升体验感，注意事项如下：

（1）按照视觉阅读习惯，绘制流程图通常采用两种表达结构，分别为左右结构和上下结构。左右结构以从左到右的顺序绘制流程，上下结构以从上到下的顺序绘制流程。

（2）每个流程图只有一个开始符号，但是可以有多个结束符号，如果流程结构清晰明确，可以省略开始和结束符号。

（3）菱形符号为判断符号，紧跟着判断符号的两种处理方式分别为"是（或Y）"和"否（或N）"。特别要注意的是，判断符号的上下端流程顺序一般用"是（或Y）"，左右端流程顺序一般用"否（或N）"，且输出时一定由两个箭头导出，如图5-6所示。

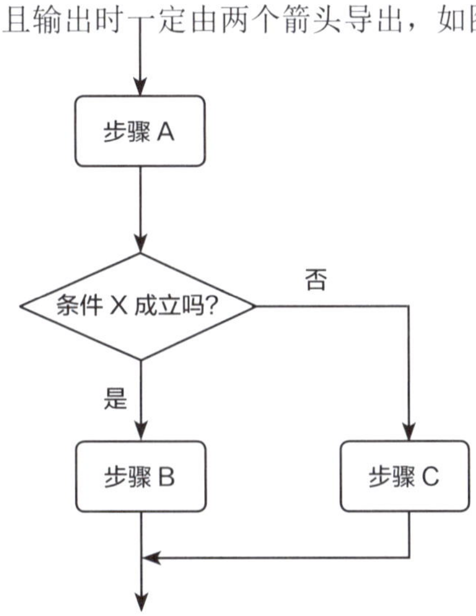

图 5-6

（4）流程图中同种功能的符号大小要保持一致，处理符号只能是单一入口或单一出口。

（5）符号之间通过连接线关联，同一路径符（连接线）只有一个指示箭头，且连接线不能交叉也不能随意弯曲。

（6）当流程图中的流程或者功能属于并列关系时，绘制流程及符号应当保持高度一致。

4. 绘制流程图的各类工具

有多种工具软件可绘制流程图，按照工作需求及功能设计一般分为常用办公软件、专业设计软件、专用流程图绘制软件。

（1）Office、WPS、金山文档等办公软件可以直接在Word、PPT两种文档格式中绘制流程图。大多数计算机都安装有办公软件，办公软件自带的形状符号基本可以满足大部分流程图的绘制。

（2）专业设计软件因自身具有强大的图像处理和图形绘制功能，可以绘制各类流程图。专业设计软件主要分为两大类，一类是图形图像软件，另外一类是交互原型设计软件。图形图像软件有Photoshop、Illustrator、Coreldraw等。图像处理软件Photoshop虽然也可以使用形状工具制作流程图，但是Illustrator和Coreldraw这类矢量图形软件含有更丰富的形状路径功能，更适合制作流程图。交互原型设计软件有Sketch、Axure RP、Figma、摹客RP、墨刀、蓝湖等，这类软件除可以制作交互原型外，也能够单独进行流程图绘制。

（3）为满足对工作效率和专业属性的不同需求，现今市面上产生了多种专业绘制思维导图及流程图的软件，按照产品运行环境可以分为在线运行和桌面应用，也有同时支持在线、脱机的多款软件。常用的软件有 Visio、draw.io、OmniGraffle、GitMind、ProcessOn、亿图图示等，相比上述的两大类软件工具（图形图像软件和交互原理设计软件），这里所述的软件工具绘制流程图最为便捷。

5. GitMind 基础操作

目前市面上有很多工具软件可绘制流程图，有的软件需要付费，有的软件是单机版，这里我们选择 GitMind 软件作为绘制工具，这是一款国产在线思维导图绘制软件，具体操作如下所述。

（1）注册登录后，可以根据需要选择“脑图”或“流程图”模式，如图 5-8 所示。

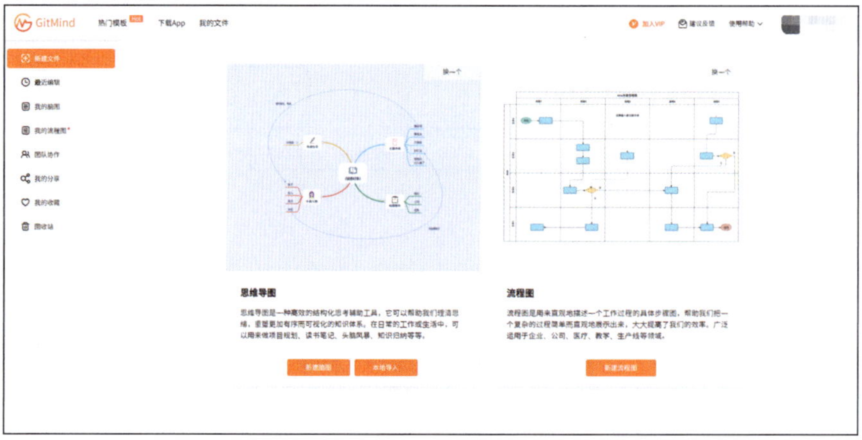

图 5-7

（2）在工具平台的左侧单击“我的流程图”模块，再单击上方“新建流程图”，进入绘制流程图的工作界面，如图 5-8 所示。

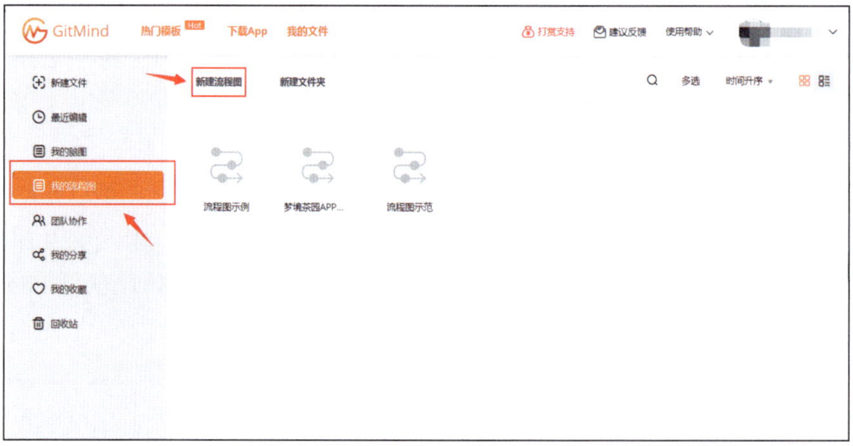

图 5-8

（3）进入工作界面后，可以先给流程图命名，然后选择“常用图形”中的开始符号开始绘制流程图。绘制流程图中的图形时，可以双击“常用图形”中的图形符号，也可以拖曳图形符号到画板区域，如图 5-9 所示。

图 5-9

（4）绘制流程图图形符号之间的连线。单击图形，图形周边出现十字定位方向的指示箭头，将鼠标指示符放在箭头处，会出现一个“+”的符号，此时按住鼠标左键拉出连接线，连接线自带方向箭头，并带有可调节的节点，如图 5-10 所示。

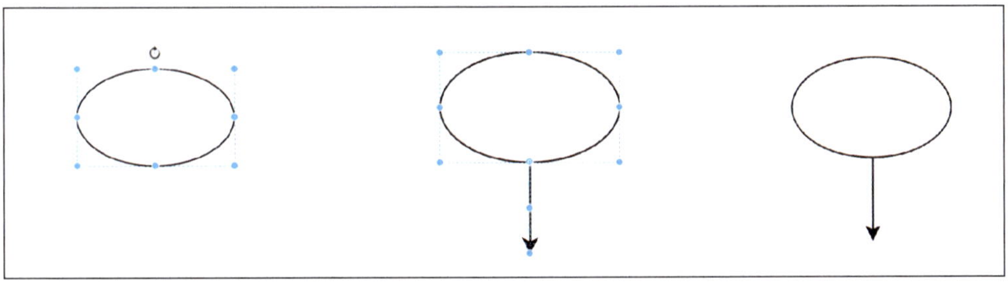

图 5-10

（5）如果不需要连接线有箭头，可单击连接线，在弹出的界面中选择“样式”选项卡，选择右向箭头符号，然后在下面的列表选项中选择“无”，如图 5-11 所示。

（6）如果绘制的连接线的箭头方向是反向的，可以在连接线两头端点的任意一个节点处右击，在弹出的界面中选择“相反”命令，这样就可以生成反向箭头连接线，如图 5-12 所示。

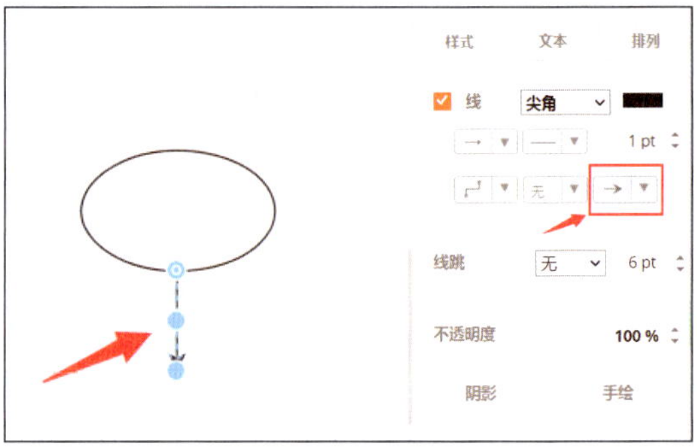

图 5-11

流程图绘制方法

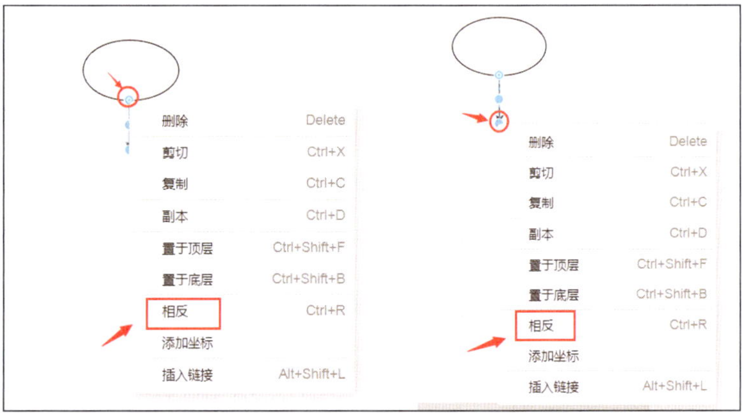

图 5-12

【任务实施】

大多数茶类 APP 都会设置购买茶产品的电商功能，在主页底部有“市集”“分类”“品类”等图标作为端口跳转到茶产品的选购界面。根据茶产品选购的流程，运用已经掌握的流程图的符号意义及基本绘制原则，使用 GitMind 软件来绘制流程图。

（1）用户目的明确，购买茶类产品的愿望强烈，从开始到结束的流程结构简单明确，因此只需要使用开始、结束和过程的图形符号来进行描述，如图 5-13 所示。

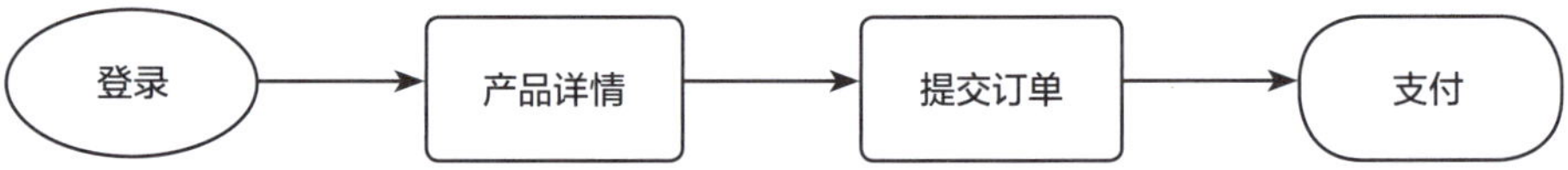

图 5-13

（2）用户的消费观念不同会导致产品选择和支付习惯的差异，整个 APP 产品的业务梳理和总结，使用的是业务（功能）流程图；如果具体到用户执行某个具体操作流程时，会采用任务流程图，如图 5-14 所示。

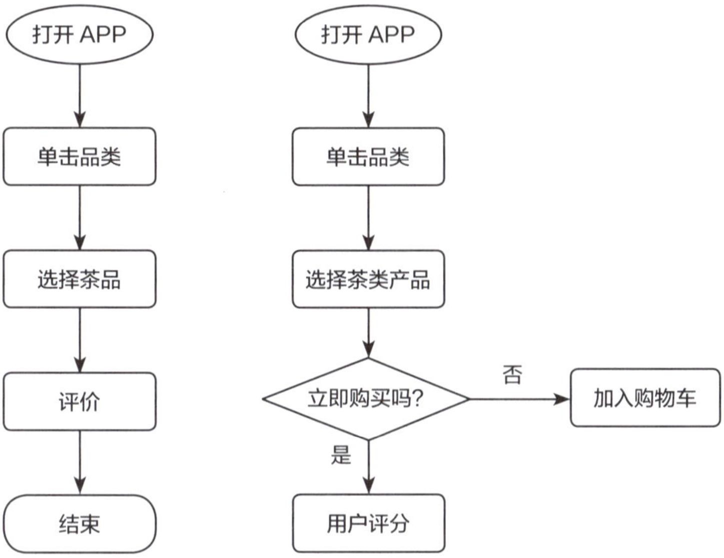

（a）　　　　（b）

图 5-14

（3）上面我们练习了业务流程图和任务（功能）流程图的绘制，考虑到互联网产品的特殊性，APP 开发还必须绘制页面流程图。页面流程图主要呈现的是页面与页面之间的逻辑跳转和功能交互，如图 5-15 所示。

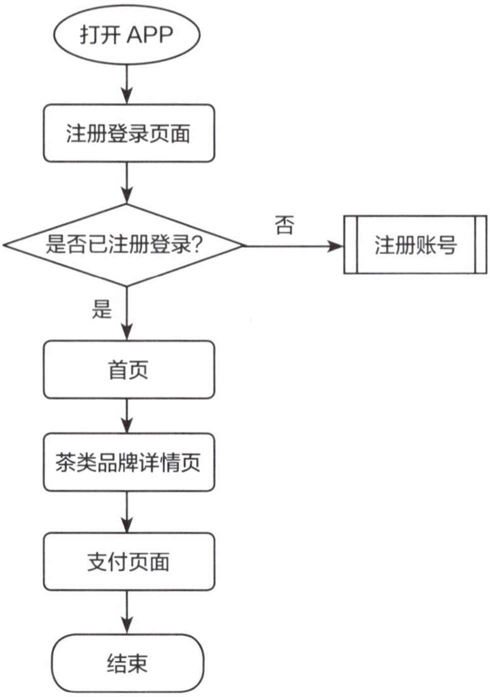

图 5-15

【任务拓展】

操作成功的流程通常很简单，操作失败的流程则要考虑很多种情况。比如有些 APP 产品的登录注册操作会给用户带来糟糕的体验，要做好 APP 产品的优化，一定要从用户体验出发，要提示用户操作出错的原因，然后引导用户，还要支持用户在使用中取消任务等操作。根据“梦境茶园”APP 的注册登录界面（图 5-16），绘制多种流程图。

图 5-16

【思考与练习】

现在大多数流程图绘制软件都已经归纳了常用的流程图结构，其中有一些模板库中的流程图可以直接被调用和修改，大大提高了工作效率。当然我们要清楚地认识到：工具只是为了提升效率，对专业知识技能的掌握和对项目经验的积累比工具更重要。GitMind 模板库也提供了多种类型的流程图，如图 5-17 所示。

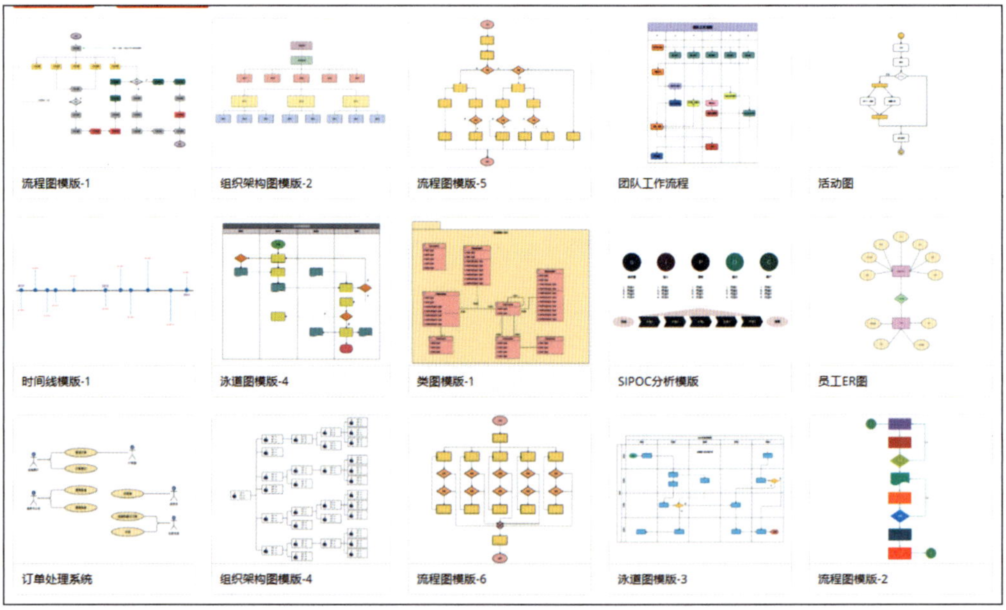

图 5-17

任务2 电商配送泳道图的绘制

【任务描述】

针对“梦境茶园”APP 具备的电商业务功能制作泳道图。

【任务要求】

掌握泳道图的概念及特征，了解茶类 APP 的业务需求和交互逻辑，熟练应用专业软件绘制泳道图。

【知识链接】

泳道图又称跨职能流程图，用于呈现各个阶段、多个部门、不同工作环节之间的人与人交接的步骤及过程。因图形框架像游泳池的泳道，每个职能类似一条泳道，一个角色的操作占一条泳道，一条泳道就是一个基本流程图，所以俗称“泳道图”。

1. 泳道图的布局

按照布局类型来划分，泳道图可以简单地分为垂直泳道图和水平泳道图。垂直布局是自上而下进行职能分配，如图 5-18 所示；而水平布局更强调职能的进程协调，如图 5-19 所示。

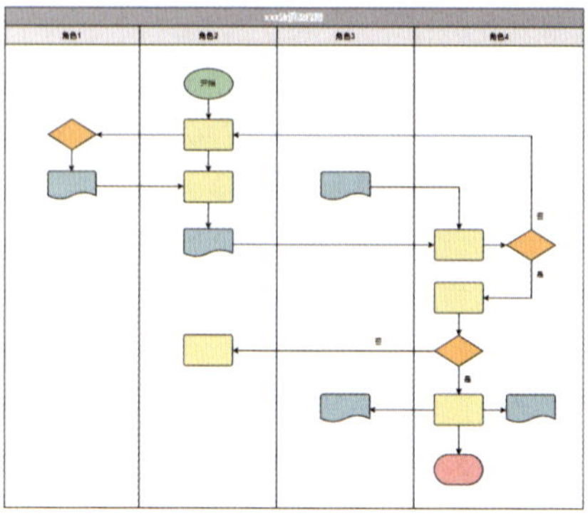

图 5-18

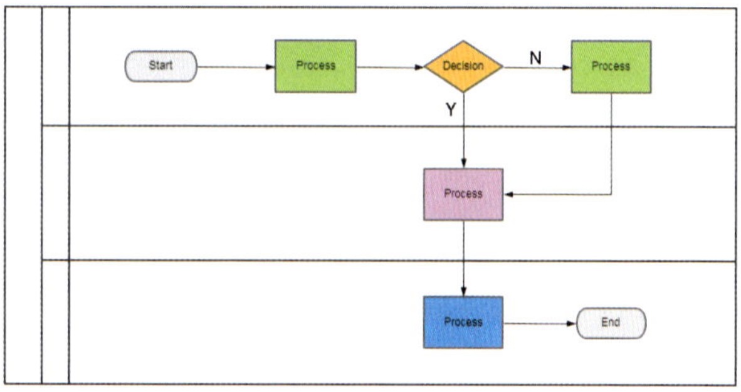

图 5-19

2. 泳道图三大维度

泳道图的图表构成通常可以分为 3 个维度：部门维度、阶段维度、流程维度。

（1）部门维度：通过部门 / 责任人来区分，明确每个部门 / 责任人负责完成的任务环节。

（2）阶段维度：通过任务阶段来区分，明确每个阶段需要处理的任务环节。

（3）流程维度：在不同部门 / 责任人处理任务的不同阶段会有不同的流程进行对应。

【任务实施】

掌握了泳道图的概念后，结合茶类 APP 的电商交易配送业务绘制泳道图。

（1）启动 GitMind 工具平台，依次单击“我的流程图”→“新建流程图”，创建新的流程图，如图 5-20 所示。

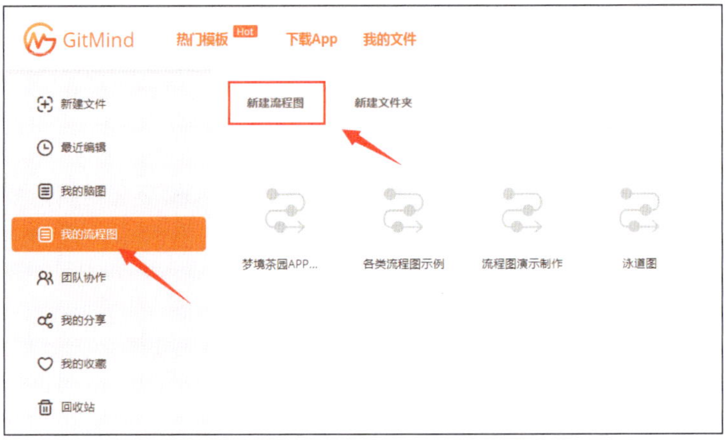

图 5-20

（2）打开新建的流程图文件，界面左侧工具栏下方有一系列用于构建布局的表格组件。拖动或者单击布局组件，可以将垂直泳道、水平泳道的组件嵌入对应的垂直池、水平池中，且可以对其进行修改及调整，如图 5-21 所示。

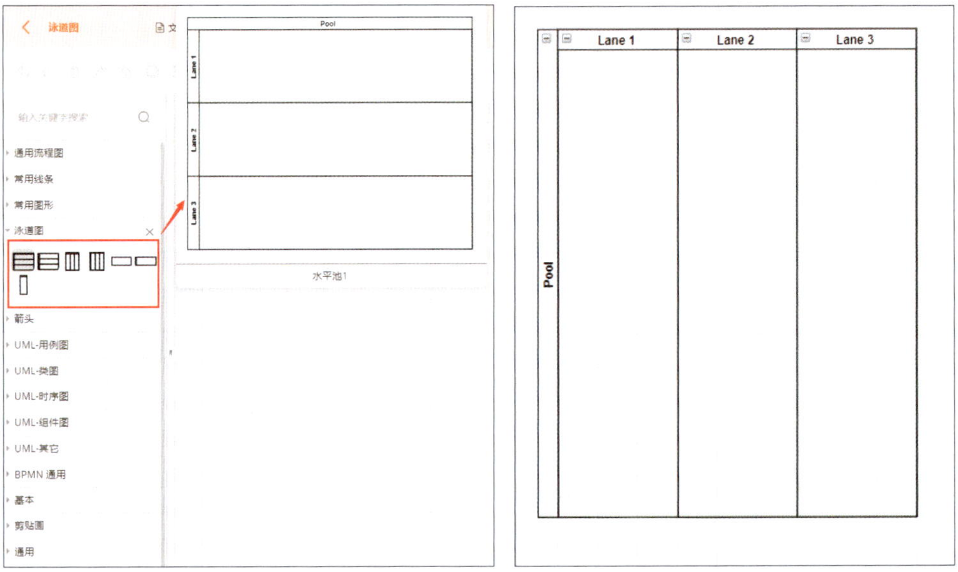

（a）　　　　　　（b）

图 5-21

（3）选择界面左侧工具栏中基本模块下的部分矩形，根据需要进行复制并将其通过粘贴嵌入泳道图中，构建新的布局，如图 5-22 所示。

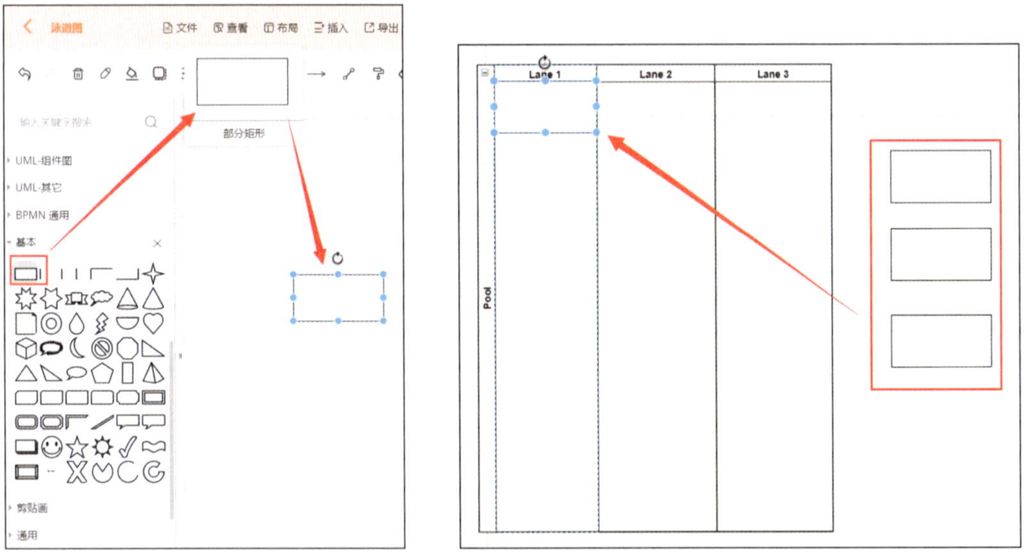

（a）　　　　（b）

图 5-22

（4）对泳道图进行布局。将顶部栏进行横向分隔，从左到右依次为参与项目工作的部门角色；将左侧纵向栏从上到下依次分隔为工作推进的每个阶段。根据电商交易和配送业务，参与的部门角色有用户、商家、物流配送人员；阶段过程分为用户下单、商家接单、物流配送员接单、物流配送、用户签收。泳道图布局设计需要对组件参数进行调整，结合顶部状态栏的宽高值及右侧属性面板排列的参数属性进行修改，做到相互对齐，规范统一，如图 5-23 所示。

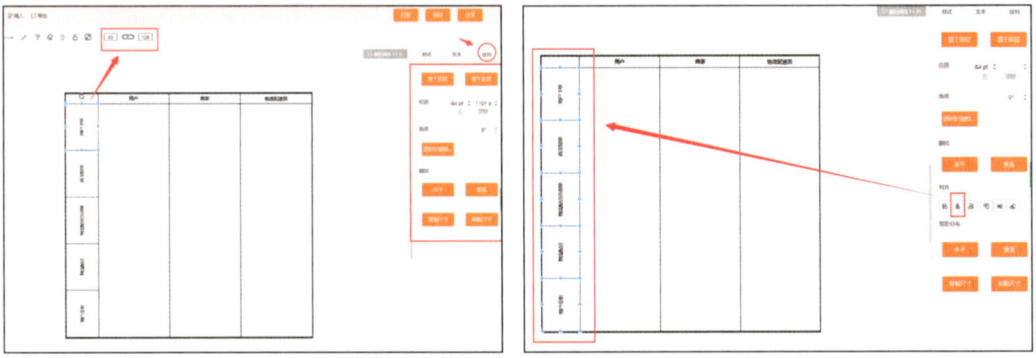

（a）　　　　（b）

图 5-23

（5）整体布局完成后，绘制每个部门角色的流程，每个分栏泳道固定一位部门角色流程，当工作之间有协调交集时，使用连接线进行连接。黑白稿绘制完毕，如果时间允许，还可以进行一定的优化（如给流程图进行配色等），如图 5-24 所示。

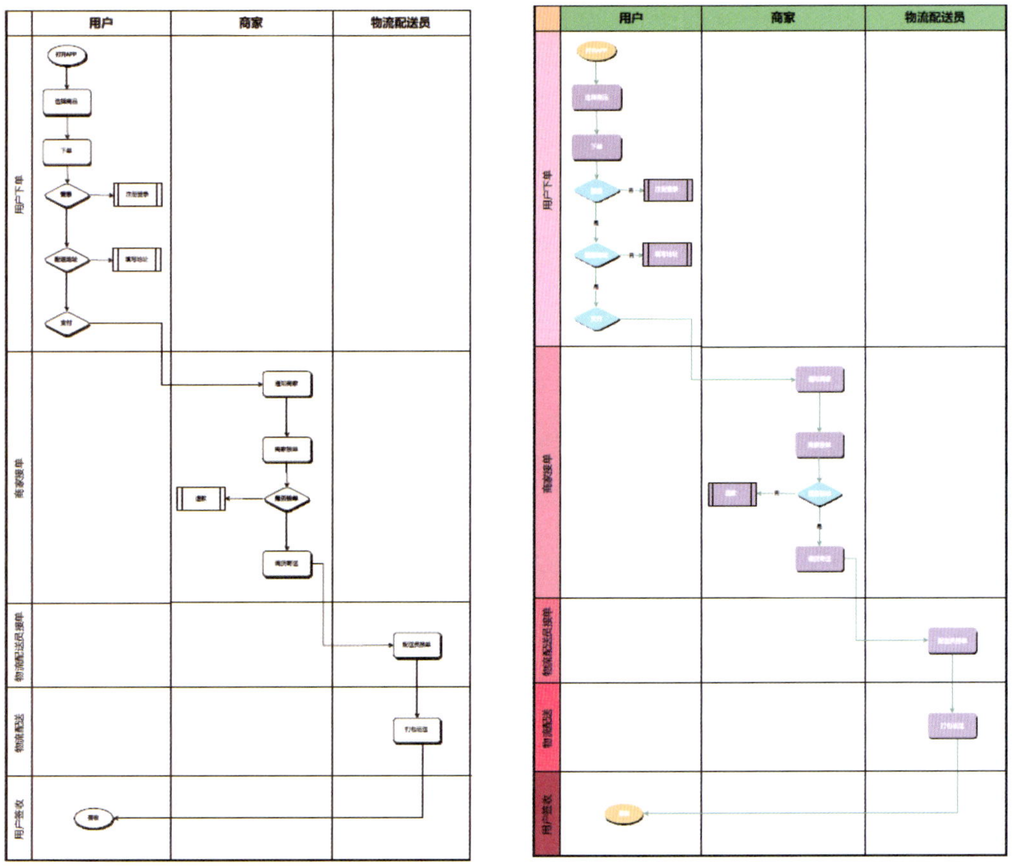

（a）　　　　（b）

图 5-24

【任务拓展】

绘制泳道图时需要对业务、产品、功能都有了解，且能够找到功能实现的关键点，明确各个部门角色的交集和开始、结束路径，做好协调推进、优化顺序和合并异常等工作。请思考如何对“梦境茶园”APP 的“茶人圈子”功能进行优化，涉及内容创作者、平台审核人员、关注者等角色，对其进行泳道图绘制。

【思考与练习】

掌握流程图的结构及各类图形符号，在绘制前确定功能模块与核心路径，保证核心流向清晰。通过练习，能熟练使用纸笔、软件及工具平台绘制流程图。

项目 6

绘制 APP 线框图

项目导读

前面已经对用户需求进行了结构化梳理，绘制了茶类 APP 的信息框架图，并梳理了核心的用户流程，现在将进入数字媒体交互设计过程中非常重要的环节，即线框图的绘制。交互设计师要通过绘制线框图，快速将 APP 的主要功能模块、布局、交互行为等与团队成员进行沟通，明确 APP 的总体设计方向。

教学目标

★ 掌握绘制线框图的原则。

★ 绘制茶类 APP 的线框图。

任务 1 确定茶类 APP 的导航方式

【任务描述】

学习常用的 APP 导航方式，确定本项目茶类 APP 的导航方式。

【任务要求】

理解不同导航方式的适用场景和优缺点，确定茶类 APP 的导航方式。

【知识链接】

关于导航，生活中那些帮助人们到达目的地的指示都算是导航，比如图书馆的索引、展馆分区引导、地图路线导航等，生活中很多场景，如果没有导航的有效指引，那么人们相应的效率就会低很多。

APP 的导航与日常生活中的导航一样重要。好的导航方式可以让用户快速定位，并且通过导航，用户可高效地获取想要的信息或服务。当用户在 APP 页面里寻找某个入口感到迷茫，或者尝试多次后仍未能找到他想要的信息或服务时，用户会感到沮丧，会觉得这个 APP“不好用”，所以，APP 的导航应提供用户获取信息或服务的快捷入口和清晰指引，该功能的优劣将直接影响用户对 APP 的使用体验。导航是 APP 交互设计中非常重要的一部分，要从用户层面、产品层面进行深入思考，结合情境、用户、内容，选择合适的导航方式。

【任务实施】

深入了解目前常见的 APP 导航方式，团队成员应快速探讨茶 APP 的导航方式，及时沟通，确定了茶 APP 的导航方式之后，则进入核心流程的线框图绘制。常见的导航方式有标签式导航、宫格式导航、抽屉式导航、菜单式导航、列表式导航等。采用何种导航方式视情况而定，可以包含主导航，也可以包含辅助导航。简化的导航方式样例如图 6-1 所示。

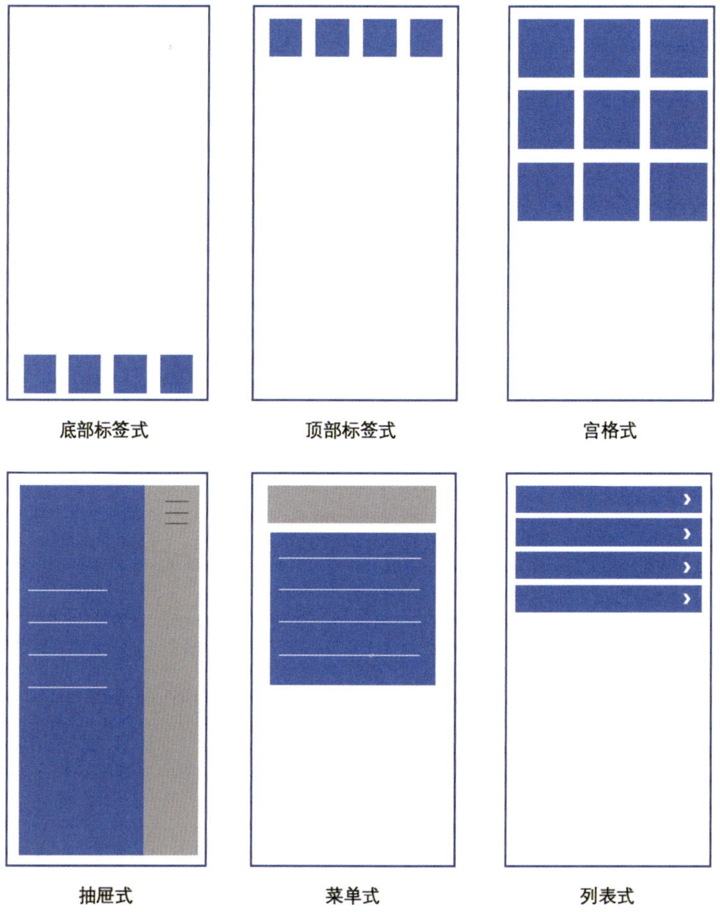

图 6-1

1. 标签式导航

标签式导航是 APP 最常见的一种导航方式，分为底部标签导航和顶部标签导航。一般情况下，底部标签导航为主导航，顶部标签导航为辅助导航。标签式导航最大的特点就是可以让用户直观地了解 APP 的主要功能，并可以进行功能的快速切换。标签的分类数量最好控制在 5 个以内，视觉上要把当前用户所在位置凸显出来，也可根据需要在导航的中间位置将产品的核心功能进行展示，如喜马拉雅 APP 中间位置的播放功能，以及 Instagram 的拍照功能。使用标签式导航的 APP 非常常见，如喜马拉雅 iOS 客户端 8.3.27、豆瓣 iOS 客户端 7.12.0，分别如图 6-2（a）和（b）所示。

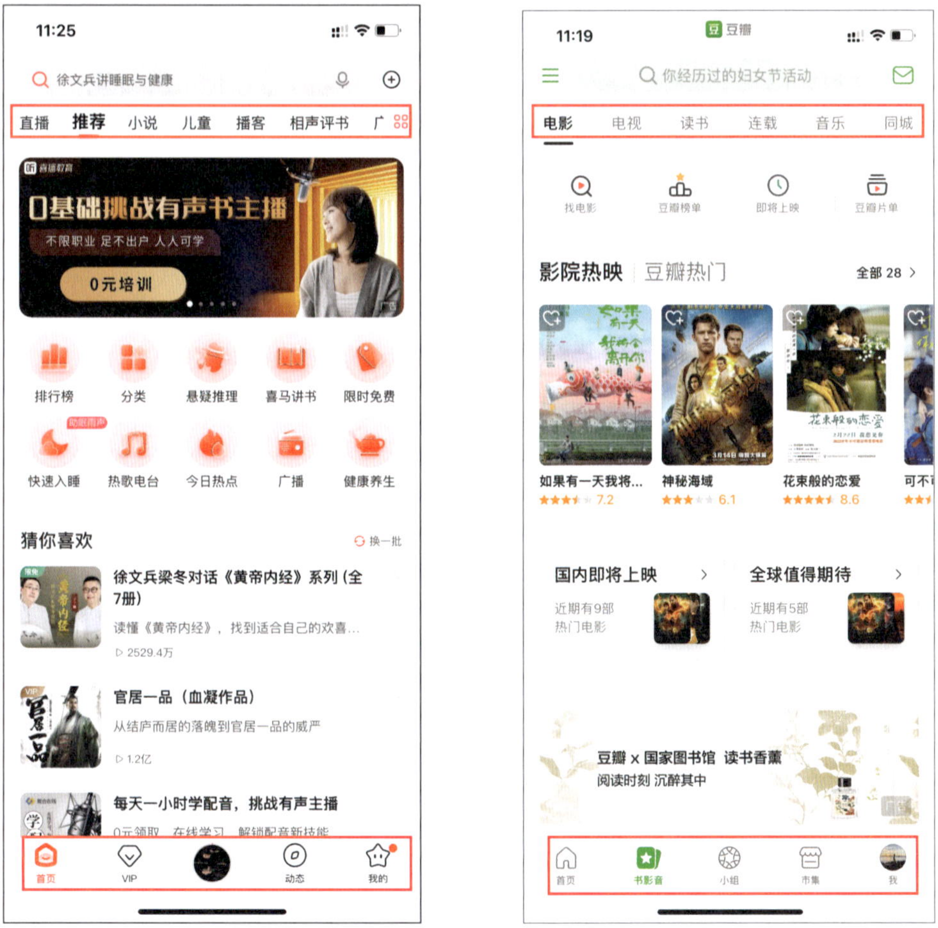

（a）　　　　（b）

图 6-2

2. 宫格式导航

宫格式导航常见于内容分类繁多的 APP，如支付宝、大众点评、美团、淘宝等。宫格式导航类似于手机桌面应用的入口，一般内容或服务分类繁多的 APP 常使用宫格式导航，每一个入口只执行该内容或服务分类下的相关功能，用户要进入另外一个内容或服务类别，则需要退回到原始位置，从新的入口进入。这类导航方式的优点是分类清晰、指引明确，弊端是信息层级深，用户切换成本比较高。

宫格式导航常用于内容分类繁多的辅助导航，图 6-3（a）和（b）分别为支付宝 iOS 客户端 10.2.30 和得到 iOS 客户端 9.3.0 的界面样例。

（a）　　　　　　　　　　（b）

图 6-3

3. 抽屉式导航

抽屉式导航常作为辅助导航，其一般位于当前界面的后方，通过在左 / 右上角进行操作或者滑动手势来展开。展开后将展示导航菜单，其个性化的扩展空间很大。使用抽屉式导航主要是可以强调某个内容或服务功能，弱化导航界面，比如网约车 Uber、滴滴出行，都曾使用这类导航作为辅助导航，在首页强调打车这一功能。该类导航方式的弊端则是较为隐蔽，用户发现、切换导航的成本较大。图 6-4（a）和（b）所示分别为 Keep iOS 客户端 v7.9.0 和豆瓣 iOS 客户端 7.12.0 界面样例。

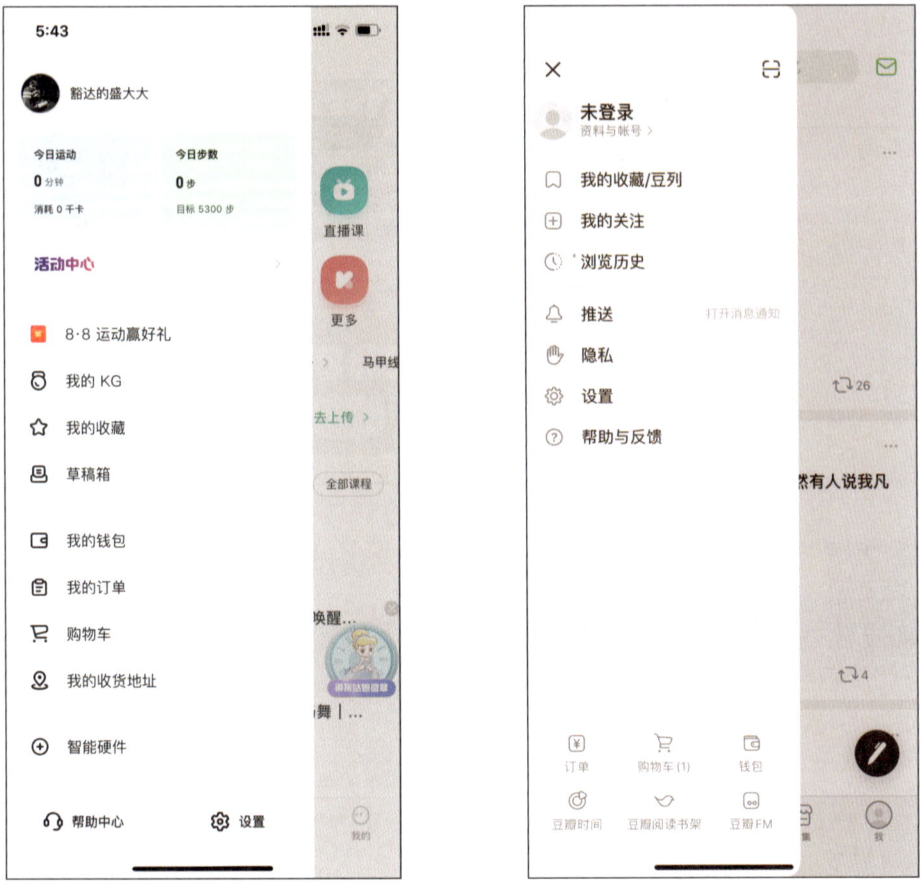

（a） （b）

图 6-4

4. 菜单式导航

菜单式导航与抽屉式导航的目的相似，突出内容或服务，弱化导航，作为辅助导航出现，一般位于应用的页面顶部，单击相应图标后以浮窗的形式出现，单击浮窗以外的区域收起导航。由于其放置的位置限制以及不能结合手势进行操作，菜单式导航不适用于使用率高、切换频繁的功能。但是为了界面简洁，有时即便功能使用率高也使用菜单式导航，比如微信右上角的“＋”按钮，单击后将出现下拉菜单，如图 6-5 所示。

5. 列表式导航

列表式导航与宫格式导航一样，信息层级深，进入某个内容分类后，如需切换，需要先返回到导航页面，再进入相应的页面，如微信的“发现”“我”这两个页面。相比于宫格式导航，列表式导航占用屏幕空间较少，易于阅读，信息传递更高效，不过表现形式比宫格式导航弱。列表式导航常用于辅助导航，特别是 APP 的设置页面。图 6-6（a）（b）所示分别为微博、知乎的设置页面。

常用的 APP 导航方式

图 6-5

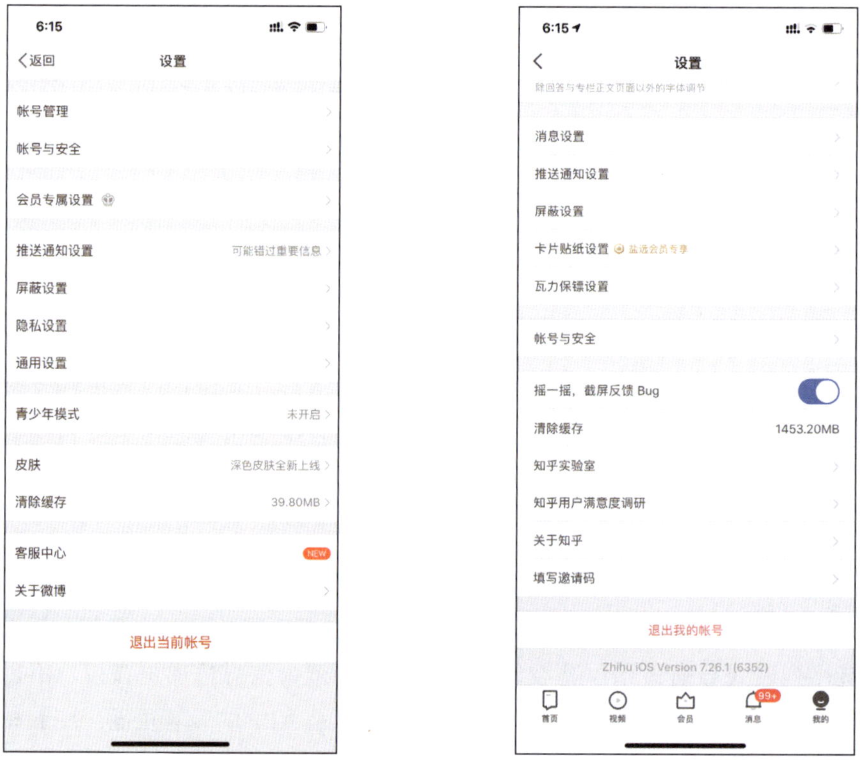

（a）　　　　　　　　（b）

图 6-6

任务2 绘制茶类 APP 的线框图

【任务描述】

根据上述产品信息框架图和核心用户流程的梳理，手绘茶类 APP 的线框图。

【任务要求】

理解并掌握线框图绘制的原则，完成小组的茶类 APP 的线框图绘制。

【知识链接】

线框图绘制

1. 线框图的绘制原则

绘制线框图时应快速、简洁，紧扣产品的用户目标和商业目标。在线框图绘制的过程中，要更多地考虑产品的功能模块、内容排序、页面连接的内在逻辑性，而不要过多关注视觉表现（如按钮的形状、颜色等），建议交互设计师先手绘，再使用原型设计工具（Axure RP 或墨刀等）进行绘制，这样便能集中精力寻求最优的产品设计方案，同时加快创作的速度。绘制线框图的目的是快速展现页面布局、元素等，绘制时可暂不考虑视觉设计。

2. 线框图的绘制流程

（1）确定页面元素，如导航、按钮、图像、文本等。

（2）绘制完整的线框图，确定每个页面内的各个元素的位置、顺序、大小等，并注意罗列多种解决方案，便于后续评审的时候进行优化。

（3）与团队成员（产品经理、交互设计师、决策者等）或目标用户对线框图进行讨论和评审。

（4）根据讨论和评审反馈的意见，对线框图进行修改和优化，确定产品方案。

【任务实施】

绘制茶类 APP 的线框图。根据前面产出的信息框架图，绘制茶类 APP 的主要页面，确定每个页面的元素及其顺序等。其中，要反复确认 APP 的主要导航方式和辅助导航方式，直到找到最佳的方案，这一点尤为重要。

（1）准备纸笔，快速进行手绘，将核心功能的页面布局、元素等绘制出来。

（2）团队成员及时沟通，讨论方案的可行性。

（3）汇总主要页面的手绘线框图，再次确认后，可用原型软件制作低保真原型。

图 6-7（a）和（b）所示分别为手绘线框图和使用原型软件（如墨刀、Axure RP 等）制作的低保真原型。

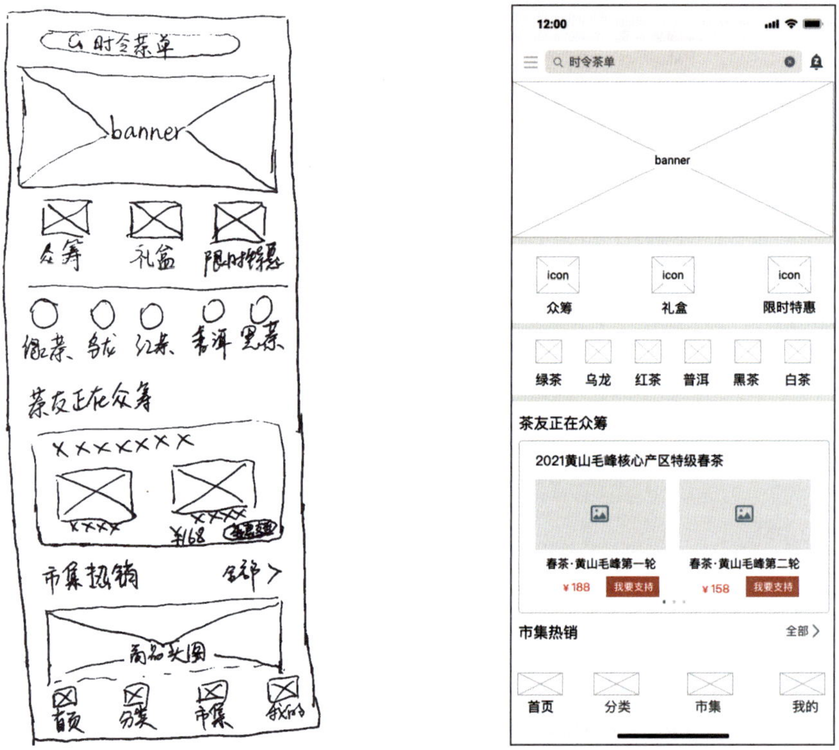

（a）　　　　　　　　　　（b）

图 6-7

【思考与练习】

分组练习，完成茶类 APP 线框图绘制。

核心知识点：线框图绘制的方法与原则。

要求：

（1）文案自拟，产品定位要明确。

（2）制作过程完整，手绘线框图，小组内充分讨论，完善方案。

（3）绘制的线框图要包含每个标签页面、主要功能页面、内容详情页。

（4）熟悉墨刀或 Sketch 设计工具。

项目 7

低保真与高保真原型设计

项目导读

原型设计是产品/服务概念的可视化阶段，“保真”这个概念可以理解为描述对象的精确程度，原型设计可以分为线框图设计、低保真原型设计、高保真原型设计3个阶段。在项目6中已经学习了线框图绘制的原则与方法，快速、高效地勾勒产品雏形后，便会进入低保真原型设计阶段。低保真原型用简单的占位符、线条、简要文字表现内容，突出产品的基本功能和使用逻辑，不过分追究产品视觉和用户体验，主要表现页面结构、功能布局、使用逻辑。其制作简单、追求时效比，能够反复修改，用于团队成员沟通或与客户的前期交流，明确用户对产品的诉求以及产品的核心功能，也用于与开发人员交流，评估产品实现难度等，为高保真原型设计打下基础。

教学目标

★ 了解不同原型的呈现方式和使用场景。
★ 掌握低保真原型设计的原则和方法。
★ 完成茶类 APP 低保真原型设计。
★ 完成茶类 APP 高保真原型设计。

任务1 熟练使用原型设计工具

【任务描述】

熟练使用原型设计工具进行低保真原型设计，快速完成茶类 APP 低保真原型设计。

【任务要求】

熟悉 Axure RP、墨刀等原型设计工具的基本操作。

【知识链接】

原型设计工具有很多，如 Axure RP、墨刀、蓝湖等。

1. Axure RP

Axure RP 支持 Windows 和 masOS 操作系统，是一款专业级的原型设计工具，是交互设计师、产品经理等互联网从业人员的必备软件，能够快速创建 Web 产品、APP 产品、软件产品的原型，支持多人协作及版本管理。

2. 墨刀

墨刀是一款在线原型设计与协同工具，可以快速设计移动端 APP 的线框图和原型，支持云端存储及手机对原型的实时预览，支持多人协同工作，能够实现元素间切换、页面调准、动画平滑等。

3. 蓝湖

蓝湖是一款能够实现产品、设计、研发无缝衔接的在线原型设计工具，支持几乎所有格式的设计文件的导入与导出，有助于设计师快速浏览原型，此外，蓝湖自带切图和标注功能，设计师可以更高效地进行工作。在手机上安装蓝湖 APP，即可实时预览原型效果。

【任务实施】

Axure RP 的界面分为工具栏、画布、站点地图、部件、部件交互等常用的功能区，如图 7-1 所示。

图 7-1

常用的 3 个功能面板如下。

- 工具栏。这是使用率极高的面板，常用的文字、形状、颜色、对齐等基础功能设置都位于该面板，熟悉各功能操作对应的位置（最好记住快捷键）可以大大提高工作效率。
- 站点地图。站点地图可以对工作产出进行分门别类的管理，养成使用文件夹进行管理及对其进行相应命名的工作习惯，有助于提高与团队成员的沟通协作效率。
- 部件。Axure RP 的部件可直接被拖拽到画布区域进行编辑，如，输入文字、调整对象大小、改变对象颜色等，也可以将下载元件导入 Axure RP 中，操作非常便捷。

Axure RP 基础技能应用非常容易上手，是一款专业、便捷的原型设计软件，其交互功能也相当强大，属于软件进阶内容。为了使后续工作更为高效和规范，在使用 Axure RP 时要注意下面几点：

（1）Axure RP 界面的栅格化。手绘或者用计算机绘制完简单的线框草图后，便正式进入低保真原型设计阶段，此时交互设计师要有规格大小和栅格化的概念，以使输出的原型更为严谨，也便于团队协作。

在 Axure RP 主菜单执行“布局→栅格和辅助线→显示网格”命令，把网格线打开，如图 7-2 所示，默认间隔为 10 像素，也可根据个人喜好调整间隔。

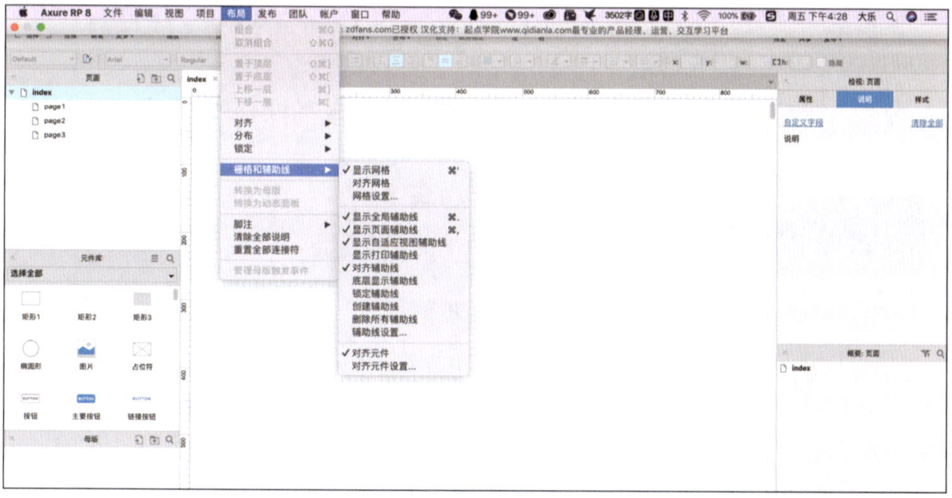

图 7-2

（2）定义页面规格。虽然 Axure RP 不能直接调出 iOS、Android 等操作系统下不同设备型号的标准尺寸，不过进行原型设计时还是要有规格意识，在进行设计时应做到所有页面尺寸一致，以避免出现交互页面“排得下”内容而后期制作视觉设计时“排不下”内容的情况。

设置页面尺寸时可使用常用的尺寸，以 iOS 操作系统为例，在设计时常使用 iPhoneX（1125px× 2436px）或者 iPhone6（750px×1334px）的尺寸，待视觉设计完成之后，再进行不同设备型号的尺寸适配。

（3）规范交互元素。在同一款产品设计中，交互元素的规范表达相当重要，不能出现同一种交互元素采用两种样式的情况，即交互元素的样式应该是统一的，如图 7-3 所示。

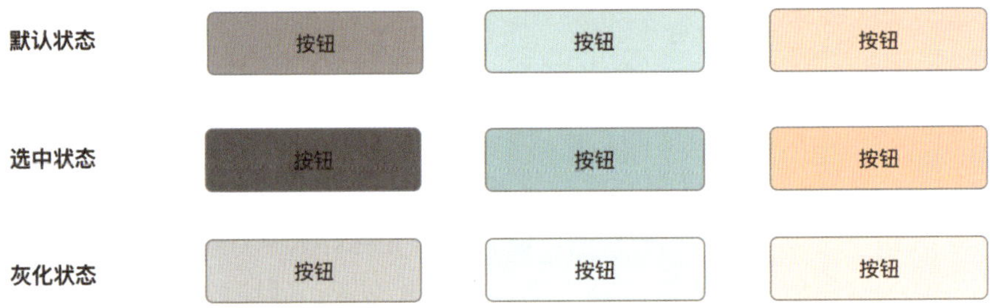

图 7-3

Axure RP 的基础使用技能

（4）页面设计。进行低保真原型设计时，要尽可能根据业务实际情况，模拟真实内容，并对页面元素进行简洁、准确的描述。如一款面向大学生的社团 APP，其低保真原型的 APP 首页设计如图 7-4 所示。

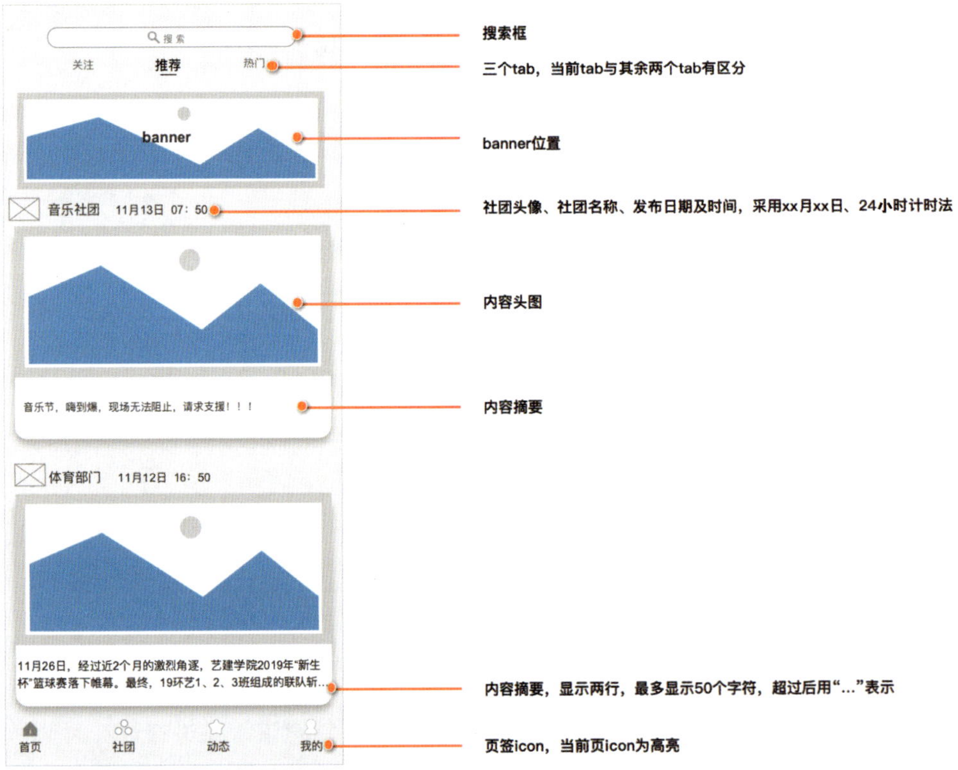

图 7-4

原型设计软件的基础应用功能的操作都相似，熟悉 Axure RP 界面操作后，墨刀、蓝湖等在线原型设计软件的基础应用技能也很容易掌握。在首次使用这些原型设计软件时都有基础操作的引导。

任务2 完成茶类 APP 低保真原型设计

【任务描述】

根据手绘的线框图，团队成员进行充分沟通后，使用 Axure RP 或墨刀工具完成茶类 APP 低保真原型设计。

【任务要求】

理解并掌握低保真原型设计的原则与方法，完成茶类 APP 的低保真原型设计，要求原型设计突出用户对产品核心诉求，功能布局要合理，页面元素要完善。

【知识链接】

1. 低保真原型设计稿内容

低保真原型设计稿对于不同的公司、项目，可能有所不同，一般应包括 3 个主要内容：项目信息、说明文档、交互设计。项目信息主要是为了方便团队成员追溯查看，包含项目发起的背景信息、版本设计和评审的修改记录等；说明文档则主要是对该项目的通用及特殊的设计规范的说明；交互设计则具体到每个页面的布局、交互等。图 7-5 所示为低保真原型设计稿内容框架示例。

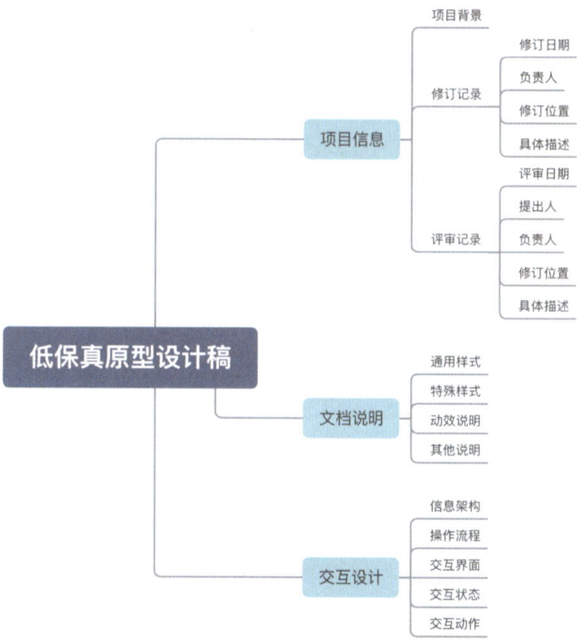

图 7-5

2. 低保真原型的设计思路

关于低保真原型设计，有以下两点需要特别注意。

（1）明确产品的核心功能、补充功能，对功能进行明确且合理的划分。低保真原型主要是将产品的功能 / 服务进行可视化，梳理产品的功能逻辑，交互设计师的注意力应该集中在交互体验上，而不要过多关注产品的视觉呈现效果。

（2）低保真原型设计要清晰展示产品的使用流程，通过原型的展示和交流，让团队成员快速验证产品的功能逻辑，确保流程设计完整、合理。

【任务实施】

绘制茶类 APP 的低保真原型，完成主要功能页面的原型设计，包括每个 APP 的底部标签页以及主要的功能页面，本案例中，主要包括首页、分类、市集、我的等位于底部的 4 个标签页，以及众筹、礼盒、限时特惠等重要页面。

茶类 APP 首页的低保真原型设计如图 7-6 所示，后续部分页面如图 7-7 所示。

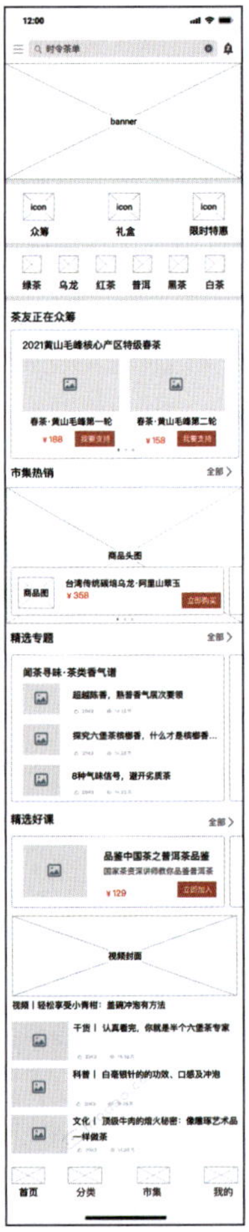

图 7-6

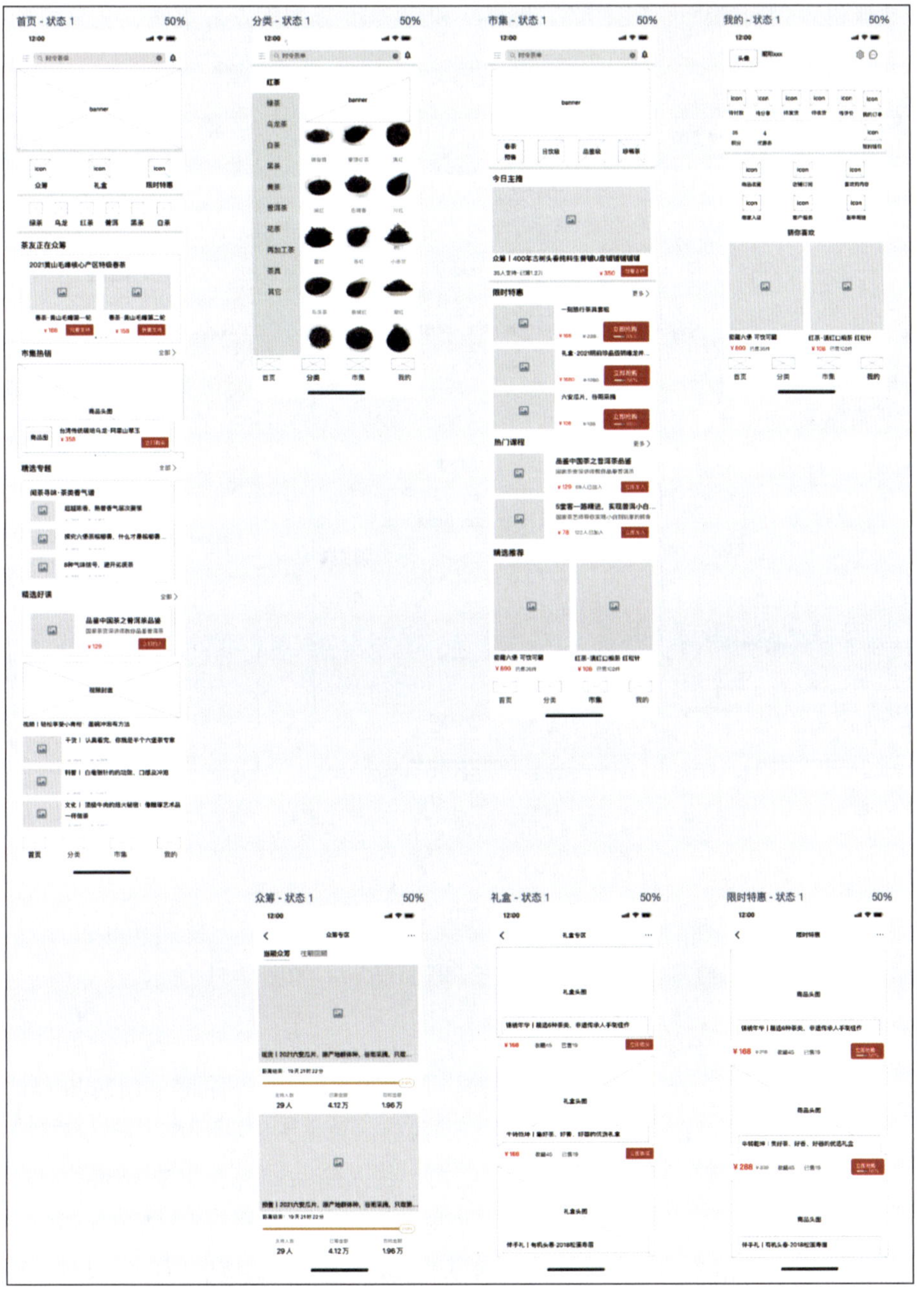

图 7-7

1. “首页”原型设计

首页主要包括搜索、横幅广告（banner）、核心功能区（以宫格的方式进行排列）、茶友正在众筹、市集热销、精选专题、精选好课、视频、文章流，以及底部菜单等几大内容板块。

茶友正在众筹、市集热销、精选专题、精选好课板块均可通过向左滑动滑块查看更多内容，单击“全部”进入列表页面，底部文章流区域可通过“上滑”操作不断加载内容。

banner 可轮播 3 张图，众筹、礼盒、限时特惠是本产品重要的功能（业务入口），单击相应热区进入相应的页面，图 7-8、图 7-9 和图 7-10 分别为众筹页面、礼盒页面和限时特惠页面。

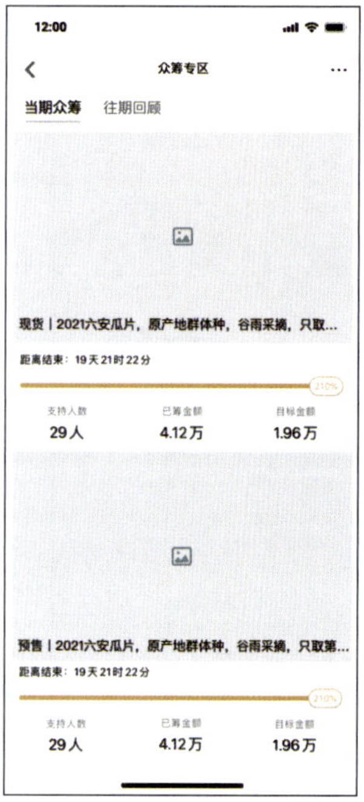

图 7-8

图 7-9

图 7-10

2. “分类”页面原型设计

分类页面按照茶品种、茶具、其他进行分类，页面有搜索、类别和 banner 区。依据类别的不同，banner 区展示相应品类的广告 / 商品信息，如图 7-11 所示。

3. “市集”页面原型设计

市集页面包括搜索、banner、今日主推、限时特惠、热门课程、精选推荐等板块。banner 可以轮播 3 张图，“春茶预售”为时令茶的入口。单击“春茶预售”“日饮级”“品鉴级”“珍稀茶”进入相应的列表页；单击“今日主推”进入商品详情页；单击“限时特惠”板块的任一商品，进入相应商品详情页，单击“更多”进入列表页。在“热门课程”板块上的交互操作同上，在“精选推荐”板块可对通过“上滑”操作不断加载内容，如图 7-12 所示。

4. “我的”页面原型设计

在“我的”页面里，根据功能分为 4 个不同的板块。第 1 个板块包括个人信息显示（头像和昵称），以及设置功能和消息入口；第 2 个板块包括订单、钱包（积分、优惠券）管理；第 3 个板块包括商品收藏、店铺订阅、喜欢的内容，以及业务入口（商家入驻、客户服务、账单明细）等；第 4 个板块包括猜你喜欢，依据浏览记录进行商品推荐等，且通过“上滑”操作可不断加载内容，如图 7-13 所示。

茶类 APP 低保真原型制作

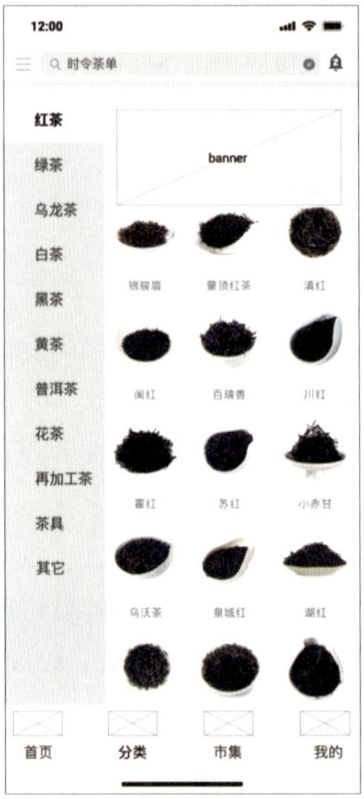

图 7-11

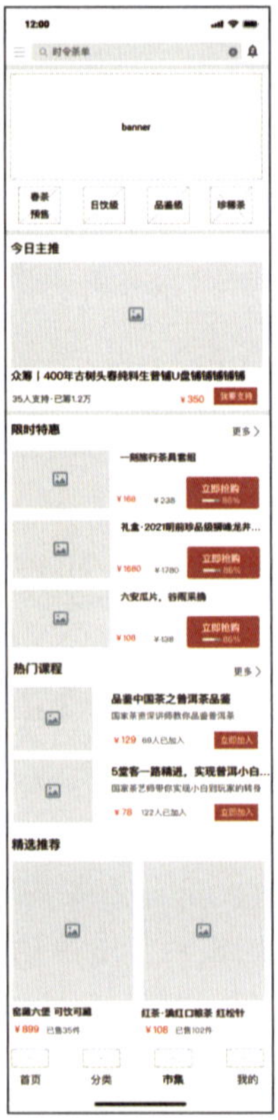

图 7-12

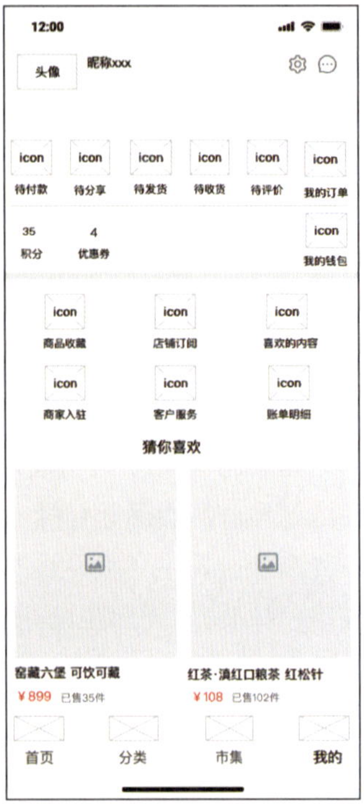

图 7-13

【思考与练习】

分组练习，完成茶类 APP 产品设计。

核心知识点：APP 产品设计规范，原型图制作规范，墨刀或 Sketch 软件的应用。

尺寸：390px×844px。

要求：

（1）文案自拟，产品定位要明确。

（2）手绘线框图，制作低保真原型，制作过程要完整。

（3）制作每个标签页面、主要功能页面、内容详情页。

（4）以 JPG 文件格式提交作业。

任务3 完成茶类 APP 高保真原型设计

【任务描述】

根据任务 2 所完成的低保真原型图，与视觉设计师、交互设计师以及产品经理进行充分沟通，完成茶类 APP 高保真原型设计。

【任务要求】

理解并掌握高保真原型设计的原则与方法，完成茶类 APP 的高保真原型设计，要求原型设计突出产品视觉效果、交互效果，充分考虑用户体验感受。

【知识链接】

1. 高保真原型设计稿内容

高保真原型可以理解为产品开发进行到后期的半成品，相较于低保真原型，其设计稿的制作通常需要花费更多的时间。根据不同公司或项目的产品开发状态和需求，高保真原型常常会有不同的展示效果，但其最终的期望是，除了数据是虚拟的，其他部分应都达到和产品实际运行时一样的状态。

高保真原型主要从两个方面进行研究与讨论：视觉效果和可用性（也称为交互效果或用户体验）。因此在设计稿中一般有两部分主要内容：UI 视觉效果图和带交互效果的动态原型图。产品的诸多元素，包括目标用户、用户需求场景、信息架构、交互流程、布局、控件逻辑、尺寸、色调、纹理、风格等，都将在这个阶段被尽可能地确定完成。

2. 高保真原型的设计思路

高保真原型设计注重对细节的处理，因此特别需要注意以下两点。

（1）高保真原型并不是任何阶段都适用，只有当产品流程清晰，用户对产品的需求接近满足或者在定义产品的最终效果，又或者是需要直接向用户进行产品展示的情况才适用（在产品的流程探索期，应更强调产品流程，而不是细节）。

（2）高保真原型设计耗时较长，若是周期较短的项目，重点应在于流程的清晰表达和适当的细节处理，则仅需低保真原型即可。

【任务实施】

绘制茶类 APP 的高保真原型。在视觉方面，要完成视觉风格设计、布局设计、图标设计和图片与虚拟数据填充等；在交互方面，则需要完成 APP 主要交互流程和逻辑的动态展现。本案例工作中要包括首页、分类、市集、我的等 4 个底部标签页的切换，以及跳转到众筹、礼盒、限时特惠等重要页面的动态交互。

1. 高保真原型视觉效果

根据对“梦境茶园”APP 的项目背景以及现有系列产品包装定位的分析与讨论，设计团队确定了本项目以古典、简洁等关键词为主要风格定位，运用圆角和扁平化的视觉造型图标进行设计，分别如图 7-14 和图 7-15 所示。

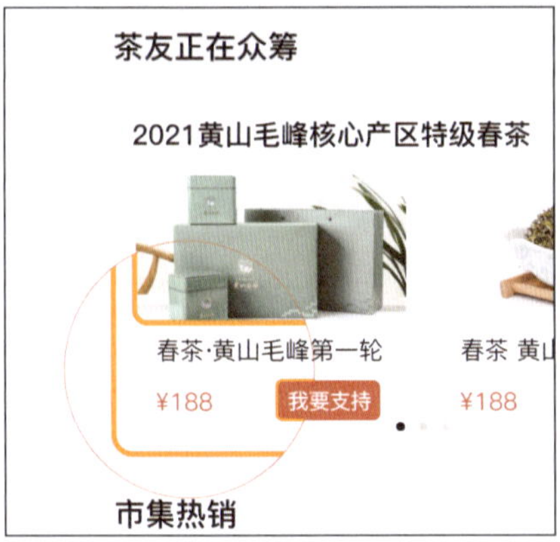

图 7-14

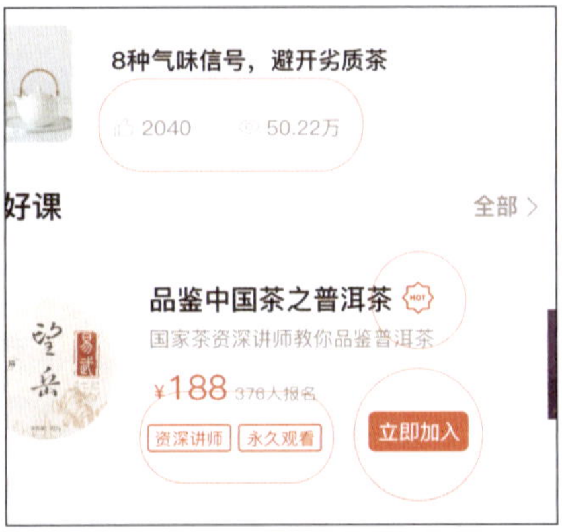

图 7-15

底部导航图标分为“当前页面”和“非当前页面”两种状态，在视觉设计上利用不同颜色对其进行区分。处于“非当前页面”状态时，以灰色纯线条形式进行设计制作；处于“当前页面”状态时，则采用橙色线条与向右下偏移缩小带透明度属性的橙色色块相结合的处理方式进行设计制作，使两个状态的区分更加明显，如图 7-16 所示。

图 7-16

在完成了整体风格定位布局与图标设计后，继续进行图片与虚拟数据的填充，丰富产品界面。图片以“茶”为关键词进行搜索选择，主要来自项目茶产品自有的商品图。图 7-17 所示为黄姚专供茶包装示意，图 7-18 所示为“礼盒专区”页面商品示意。

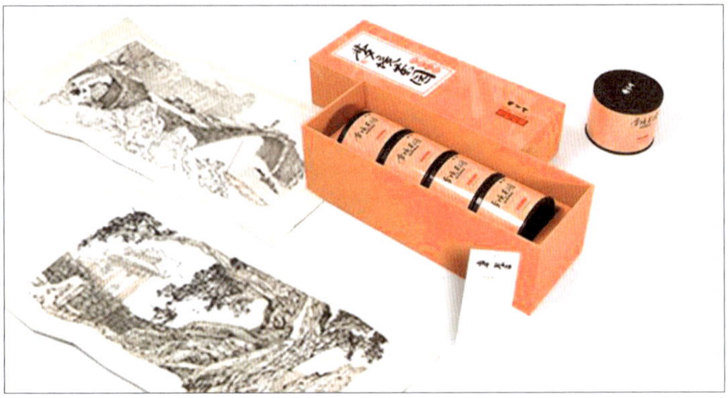

图 7-17

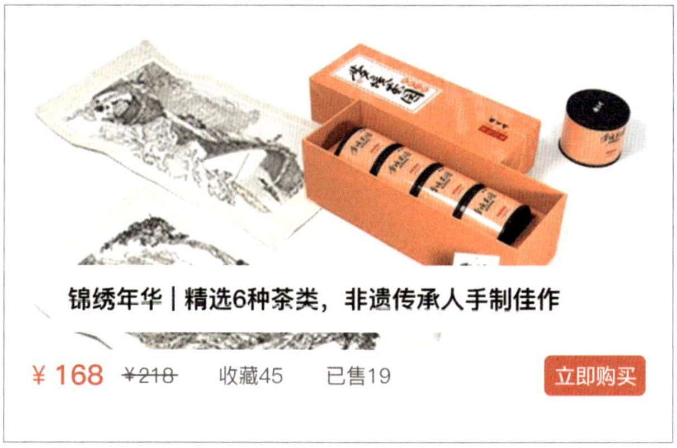

图 7-18

最后，完善包括“首页”“分类”“市集”“我的”“礼盒专区”“众筹专区”和“限时特惠”页面的静态视觉效果。最终的高保真原型视觉效果如图 7-19 所示。

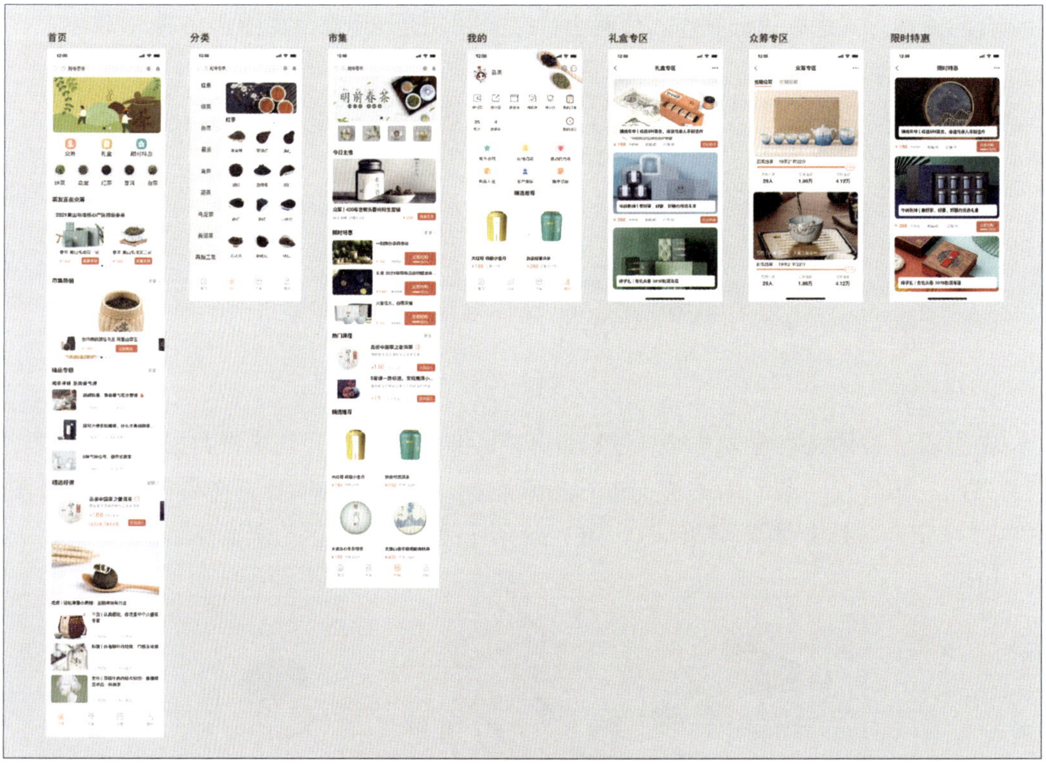

图 7-19

2. 高保真原型交互效果

“梦境茶园”APP 的高保真原型交互效果主要包括页面跳转、轮播、滑动和单击播放等基本交互效果。在首页，单击“众筹”“礼盒”或“限时特惠”图标，可以分别跳转到相应的页面；单击底部导航图标，在将图标激活为“当前页面”状态的同时，页面也会相应地切换。图 7-20 所示为茶产品界面交互单击跳转流程示意。

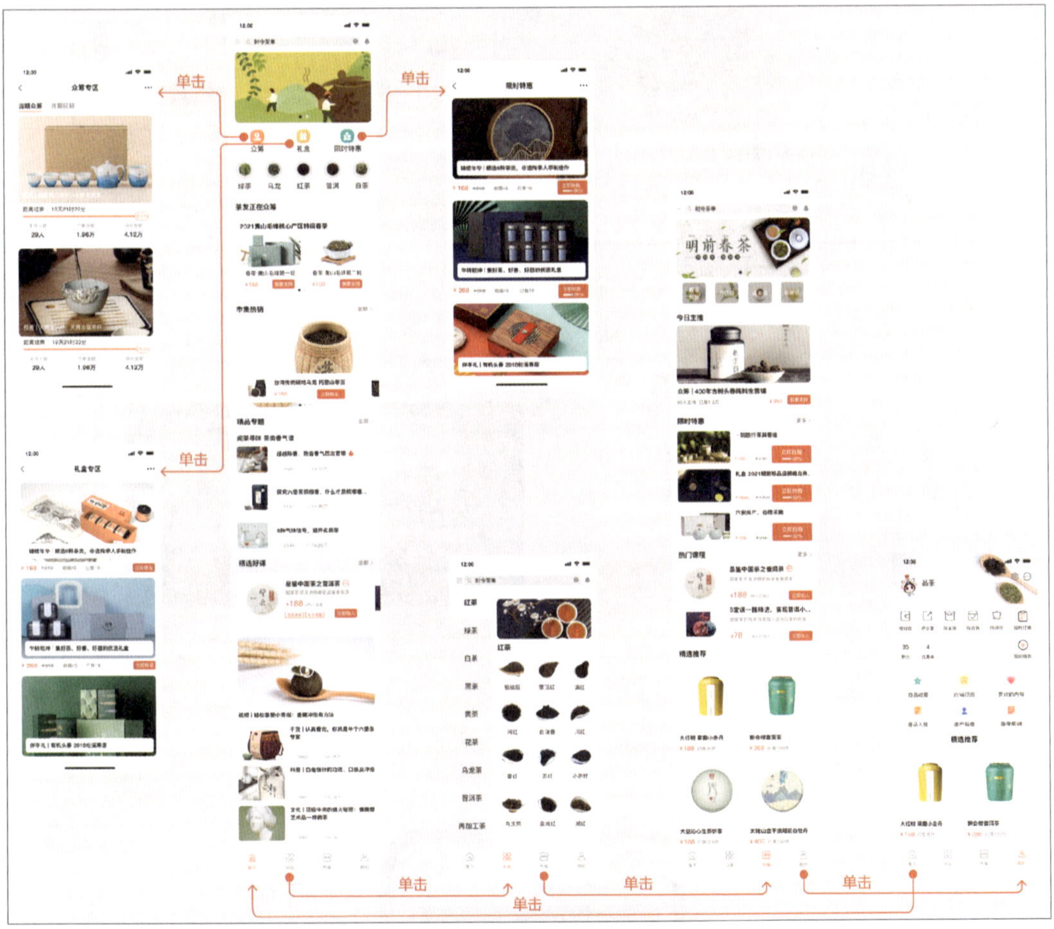

图 7-20

“首页”和“市集”页面的 banner 板块选择了以轮播图的形式进行展示，自动滚动广告或热门信息，如图 7-21 所示；“市集热销”和“精选好课”板块采用左右拖拽操作查看热门商品或精选课程，如图 7-22 所示；“视频板块”可以通过单击进行内容播放，如图 7-23 所示。

图 7-21

图 7-22

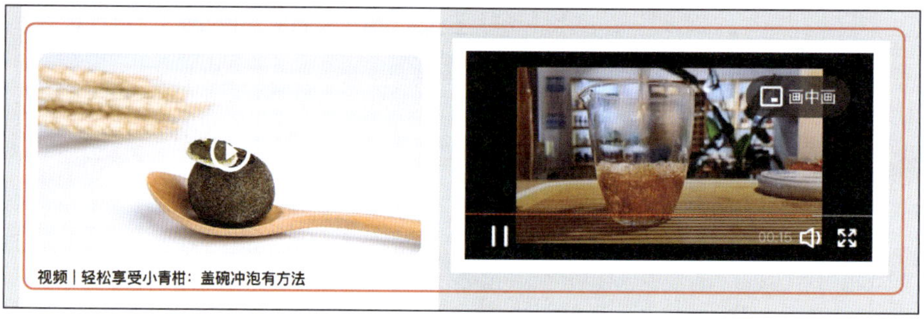

图 7-23

最终完成的高保真原型效果如图 7-24 所示。

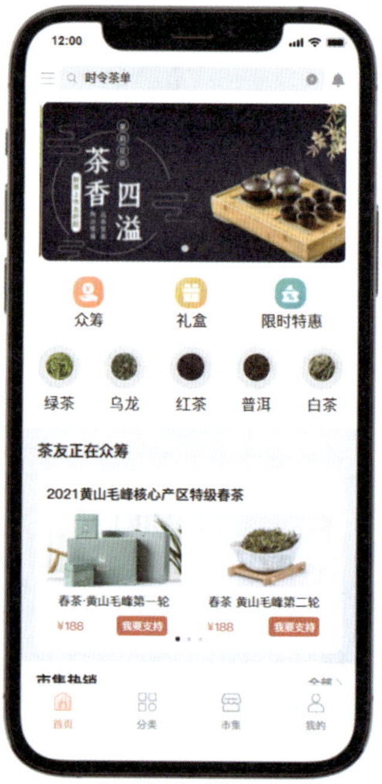

图 7-24

【思考与练习】

分组练习，完成茶类 APP 产品设计。

核心知识点：APP 产品设计规范，原型图制作规范，墨刀或 Sketch 软件的应用。

尺寸：390px×844px。

要求：

（1）文案自拟，产品定位要明确。

（2）制作高保真原型，制作过程要完整。

（3）制作每个标签页面、主要功能页面、内容详情页。

（4）以 JPG 文件格式提交作业。

项目 8

制作产品 Demo 动效

项目导读

经过产品交互原型设计后，需要将产品脉络用更视觉化的语言来呈现。在该项目中，我们将学习如何使用 AE（After Effects）等工具来绘制平面图形，利用图形转变和动画插件等各项功能，搭配产品的设计语言进行可视化呈现，营造良好的交互体验并提供成品应用参考。通过 MG 动画制作，我们可以呈现“梦境茶园”APP 使用时的基本情况，更便于客户快速地理解 APP 的内容，了解 APP 中的各项功能。

教学目标

- ★ 掌握“梦境茶园”APP 的 MG 动画制作的基本方法。
- ★ 掌握“梦境茶园”APP 产品动效的制作方法。
- ★ 掌握“梦境茶园”APP 的 Demo 制作的基本流程。
- ★ 制作“梦境茶园”APP 单项信息演示的 MG 动画，制作一项产品功能的特效视觉的预览视频。

任务 1 制作梦境茶园 APP 的 MG 动画

【任务描述】

根据 APP 的功能定位，构思符合“梦境茶园”APP 视觉呈现效果的动画内容，使用 MG 动画对“梦境茶园”APP 的基本功能和定位目标进行介绍，完成一段约 10 秒左右的 MG 动画短片。

【任务要求】

通过对项目的理解，采用 MG 动画呈现该项目的主要应用场景、主要人物角色及主要产品功能，紧扣“梦境茶园”APP 产品的文化特点进行平面化、视觉化呈现。

【知识链接】

MG 动画的基本特点：MG 是 Motion Graphic 的缩写，译为“动态图形”，这类动画的特点是把静态图像、文字转变为动态的视觉效果，将平面设计元素进行立体化呈现，侧重于非叙述性、非具象化的视觉表达。尽管 MG 动画中也有人物角色出现，但是我们更多是把这类角色作为传递关键信息的载体和手段，这些人物角色是为表现具体信息而服务的。MG 动画最早应用在电影中的片头片尾，随着技术的发展和互联网信息化的普及，MG 动画的形式也在不断发展、更新，其表现形式丰富，包容性强，能和许多不同的表现形式混搭，也被更多地应用到商业信息的介绍和推广中。

MG 动画制作流程如下所述。

1. 脚本策划

在进行动画制作前，需要先有一个基本的思路，通过文字来描述故事的大致情节。通常在商业项目中，文案的具体需求大多来自甲方，甲方规定明确的项目时间和内容信息，设计师需要从文字中提炼出画面，尽量做到既满足甲方的需求也兼顾艺术的表达。

因此，在项目制作中需要先根据“梦境茶园”的品牌文化特点，撰写文案，文案中要体现该 APP 的基本功能和特色项目，使用镜头化的语言来描述内容，如：镜头 3，旋转镜头，人物剪影在饮茶的时候进入茶园世界。

2. 美术设定

在制作动画之前，需要设定好动画角色的主体造型和画面色调，确保画面前后整体统一，通常会用几张概念图来初步展现完成后的动画画面效果，如图 8-1 所示。

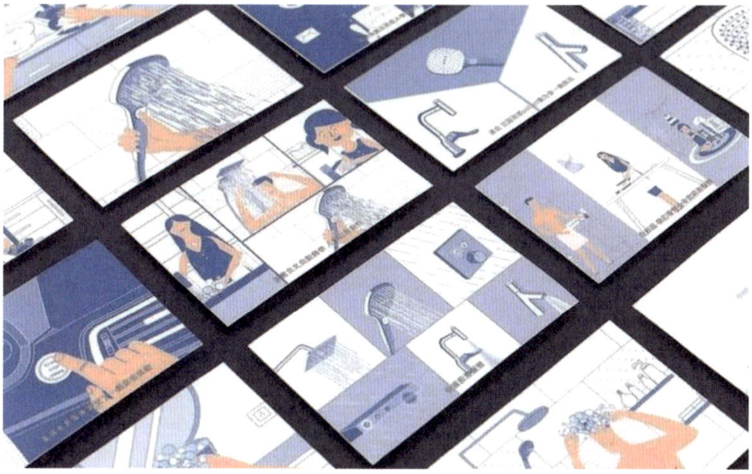

图 8-1

因此，“梦境茶园” APP 的 MG 动画美术设计需要先搜集资料，根据产品的呈现需求和效果来选择适合的画面风格。这里根据茶的颜色和喝茶时带给人们清新、健康的感受，我们选择了整体偏向绿色的色调，如图 8-2 所示。

图 8-2

3. 分镜设计

分镜头是基于文案内容，使用简略的草图快速绘制关键镜头的环节，通过排列画面，使视觉与文字一一对应，体现出画面与画面、动作与动作之间的转变形式、运动轨迹和基本动态等，在后续制作的过程中可以有一个清晰的画面思路作为参考，提升整体的工作效率，分镜示意如图 8-3 所示。我们可以清晰地看到图 8-3 中人物的关键动作的运动轨迹，并可根据这个轨迹进行动画制作。

图 8-3

4. 制作单元

在该环节，需要为动画场景和每个动画物件绘制素材，其中要把静态的部分和动态的部分区分开来进行单独绘制，这样就可以在需要进行动作的地方操作角色或场景的部分来进行运动，那些不需要进行运动的地方，只需要排列好物体在图层中呈现的先后顺序，在画面中进行展示就可以了。

比如“梦境茶园”APP 的 MG 动画中需要一位角色来进行讲述，动作最多的地方是他的嘴和上半身的肢体，那么我们就可以把角色的下半身做成一个静态的部件，而把上半身的头和手臂的关节分部件进行制作，五官和面部也分开进行制作，这样可方便进行表情制作和解说时的嘴部运动的制作，如图 8-4 所示。

MG 动效制作

图 8-4

在 PS（Photoshop）或者 AI（Adobe Illustrator）中完成了每个动画部件的制作后，可以将它们全都导入 AE 中，按照图层的先后顺序进行排列遮挡，排布好基本的使用场景后，就可以检查各个部件在动画过程中的动作是否符合我们的预想了，如图 8-5 所示。

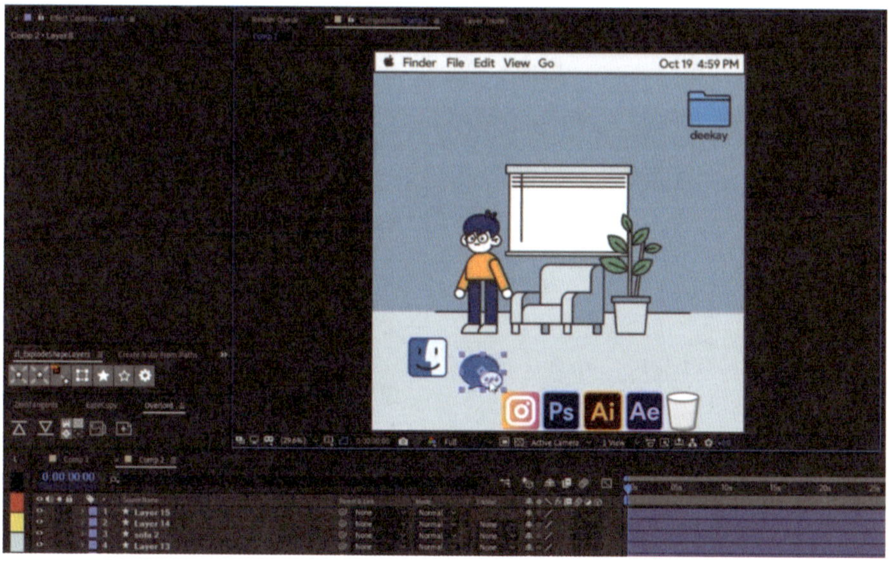

图 8-5

（1）PS 中提供了众多的绘图工具，利用它们可以有效地进行图片编辑。

（2）AI 是一种应用于出版、多媒体和在线图像的矢量图形处理工具。

（3）AE 可帮助动画制作人员、设计人员、合成人员为电影、电视、视频创作动态图形和视觉效果。

在制作人物动画的时候，可以使用 AE 动画插件 Character Tool（角色工具）快速地绑定人物部件，这款插件可以将角色的上肢部件进行动作绑定，只需要拖曳图 8-6 中的“＋”号，就可以确定该肢体的关键位置。当我们在图层中插入关键点后，可搭配两个“＋”号中间的点来调整部件的运动轨迹，这样预览整体运动可以非常具有动感且流畅。

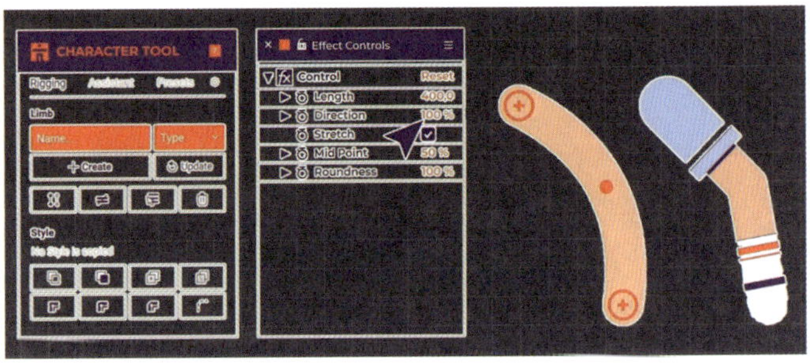

图 8-6

5. 动画环节

要让角色动起来，首先在时间轴上确定动作的位置和部件持续的时间节点，随后通过一连串的关键帧调整，对各个部件的位置、大小、角度进行调整，逐渐完成一段 MG 动画的制作。

打开 AE 图层，在图层左侧的箭头下方选择对应的运动方位，可以根据运动的轨迹先确定画面的关键方位，单击“秒表”按钮创建关键帧，这时图层栏中也会出现关键帧标记，其呈现为菱形，如图 8-7 所示。

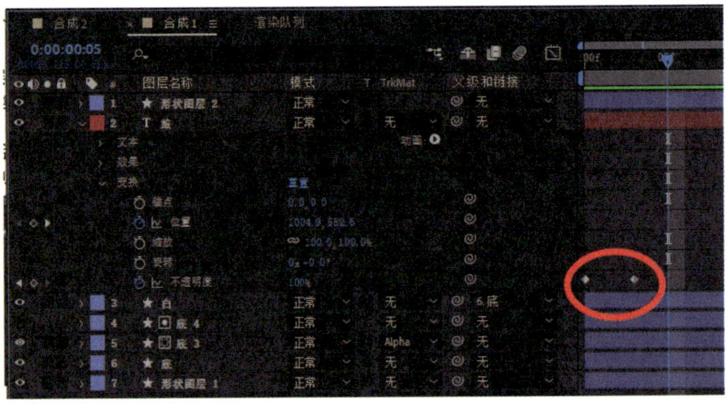

图 8-7

完成一段动画后，一般会有许多的关键帧，根据动作的频率，这些关键帧在 AE 中会密密麻麻地排列起来，呈现出如图 8-8 所示的效果。

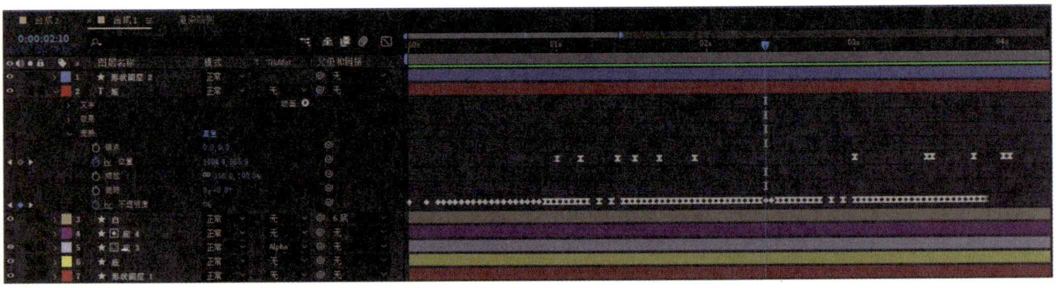

图 8-8

不过此时动画呈现的内容是线性且匀速的，没有“轻重缓急”，但当人物角色在摆动手臂或进行位移解说时，需要表现出“轻重缓急”的移动，这样可使人物角色动作更生动，为了达到这个效果，需要单击图层栏上侧的“图表编辑器”按钮，如图 8-9 所示。

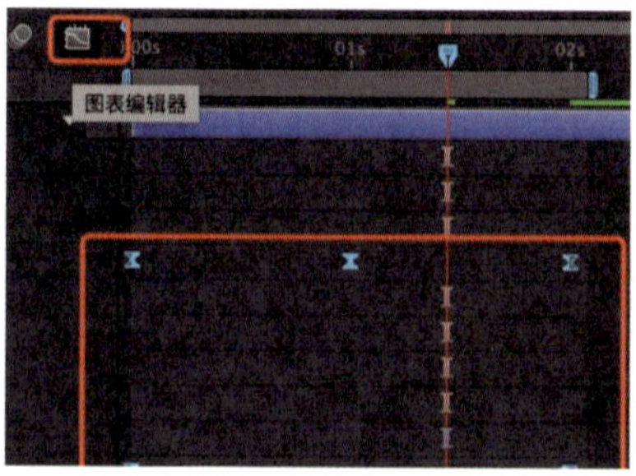

图 8-9

通过“图表编辑器”调整动画运动的曲线，这时关键帧也会变成沙漏的形状，坡度越陡动画的速度越快，坡度越缓动画的速度就越慢，如图 8-10 所示。

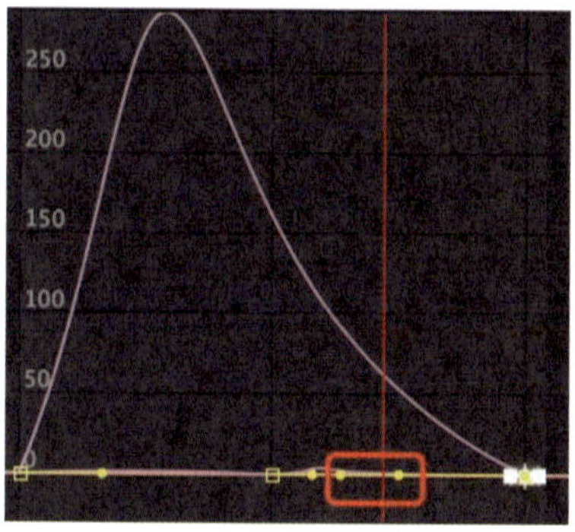

图 8-10

一步一步完成人物角色部件的动画制作后，就可以在 AE 中单击“播放”按钮或者按“空格”键预览制作好的“梦境茶园”MG 动画了，并可随时进行暂停及调整动画的呈现效果，如图 8-11 所示。

图 8-11

6. 配音配乐

将准备好的 MP3 或 WAV 格式的旁白或音效（如与茶文化接近的倒水声，一小段旁白表述等）导入 AE 的时间轴中，它们也会呈现一段图层的样式。我们需要将角色动作和演出位置配合声音效果进行匹配卡点，这样在观看动画的时候，在画面对应的位置就有配乐和音效了，如图 8-12 所示。

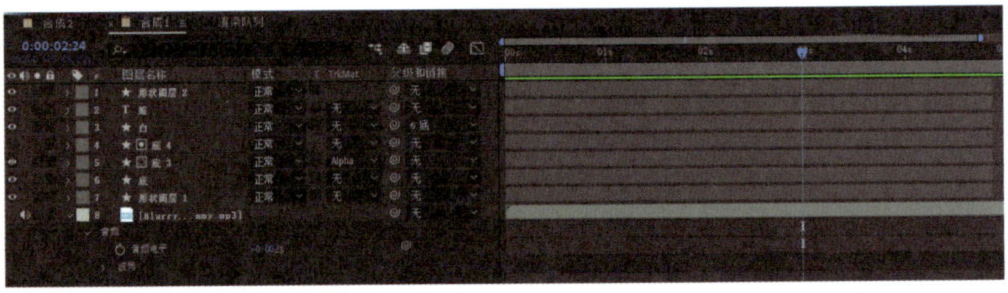

图 8-12

7. 剪辑合成

在完成所有动画内容和配音调整后，可以在 AE“合成”菜单中选择“添加到渲染列队”命令，如图 8-13 所示。

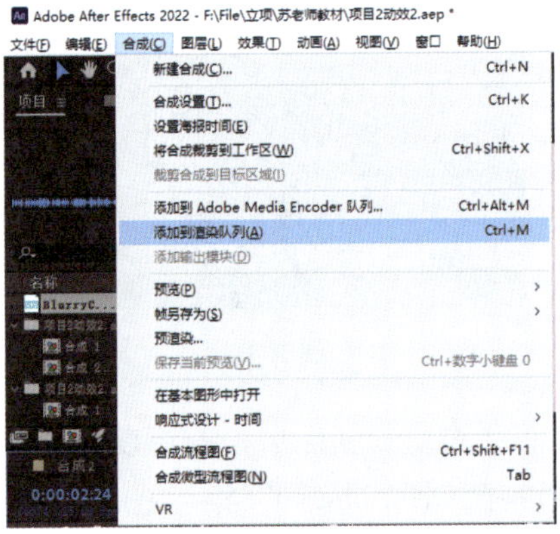

图 8-13

在“渲染队列”中，可以选择文件输出后保存的文件夹。打开输出设置界面后，在输出设置中选择合适的编码，一般选择常用的 H.264 编码格式，这样导出的 MP4 或 MOV 影片清晰度较高，文件大小适中，如图 8-14 所示。

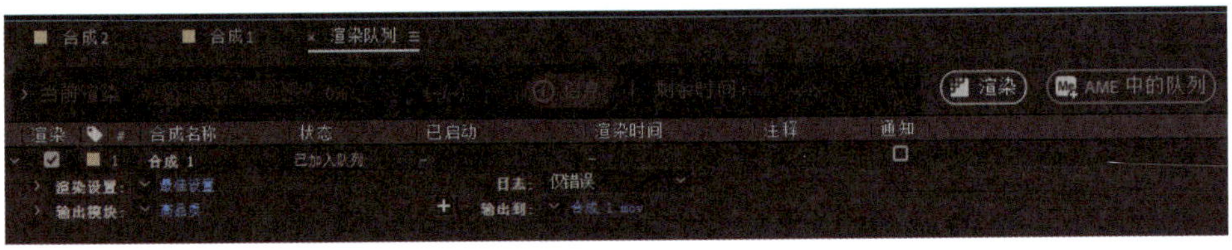

图 8-14

单击“渲染”，通过一段时间的合成，这一段动画就可以变成能够传播的 MP4 视频文件并保存到上述选择的文件夹中了。

因为 MG 动画在呈现形式上更趋向于二维平面化的形式，所以在构思的过程中可以更多地采用平面化构思来完成视觉呈现，而不是采用多角度、多镜头转接的形式来设计镜头语言，这样在制作过程中也能更好地对接产品的功能和特点来进行阐述。

【任务实施】

（1）首先确定“梦境茶园”的脚本文案。“梦境茶园”APP 主打喜欢茶文化的年轻人群、吸引黄姚古镇的游客、辐射茶产业链的茶商茶农等人群。因此，以“梦境茶园”中的“梦”作为开端，营造一种淡黄色的温馨的感觉，在梦境之路中出现了一位“小人”，该“小人”对画面中出现的茶叶和与茶相关的典故进行解说。其中第一幅介绍武夷大红袍的典故内容，然后慢慢显现“梦境茶园”的 APP 界面，界面移动后的场景便开始介绍这道茶的制作工艺（第二幅），第三幅介绍该茶的品鉴方法和一些闲情趣事等，从茶的名字、旅游、市场、器具、茶师等几个方面进行讲解，充分地展现 APP 的呈现对象和主要信息。

（2）“梦境茶园”的动画美术与分镜绘制。“梦境茶园”以大师作品作为包装宣传图幅，因此在使用平面化风格进行创作的时候，需要结合水墨风格的特点，在介绍茶品的概念图中，使用描边和卡通叠化的效果，整体的色调也选取一些青色的色调，营造出一种如梦似幻的氛围，同时又结合 MG 动画的特点，把关键信息通过平面设计进行呈现，如图 8-15 所示。

图 8-15

接下来将分镜画面按照镜头序号依次绘制出来，同时用文字标注出画面之间的主要变化和配音等内容，再结合动画介绍可能持续的时间进行预估标记，就可以用这些分镜来预估动画的基本演示效果了，如图 8-16 所示。

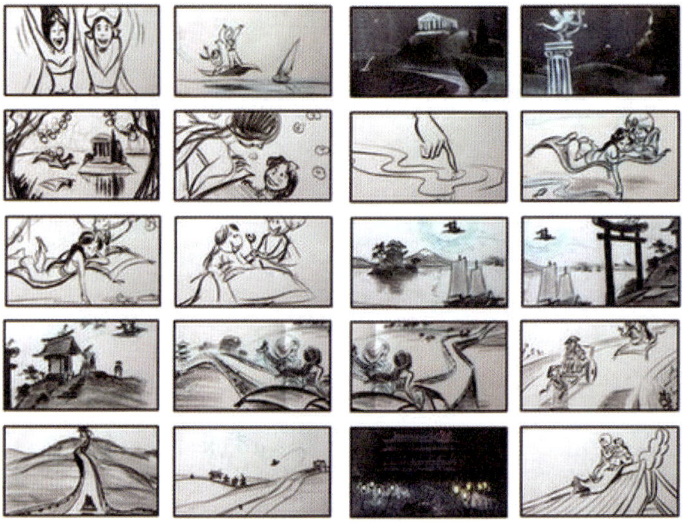

图 8-16

（3）MG 动画制作。这里需要对每个素材进行精细化处理，将场景和部件都用软件制作好，通过调整时间轴上的关键帧，调整好动画的姿势和效果。将旁白的人物嘴形和音乐配合起来，在有旁白的时候切换嘴形动画，并抬一抬手臂使讲解更加生动。动画场景之间的过渡可以使用翻页转场效果，使场景切换更加自然生动，如图 8-17 至图 8-19 所示。

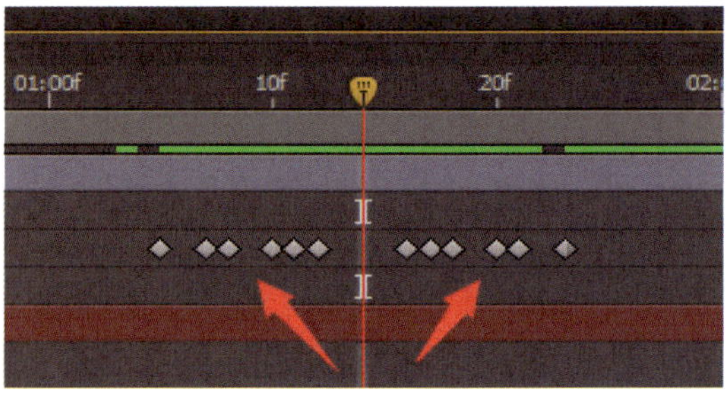

图 8-17

图 8-18

图 8-19

打开 AE 图层中的编辑器，设置动作之间的运动缓冲，并配上一首舒缓的 MP3 格式的音乐，然后就可以单击“播放”按钮，对制作的动画效果进行预览了，如图 8-20 所示。

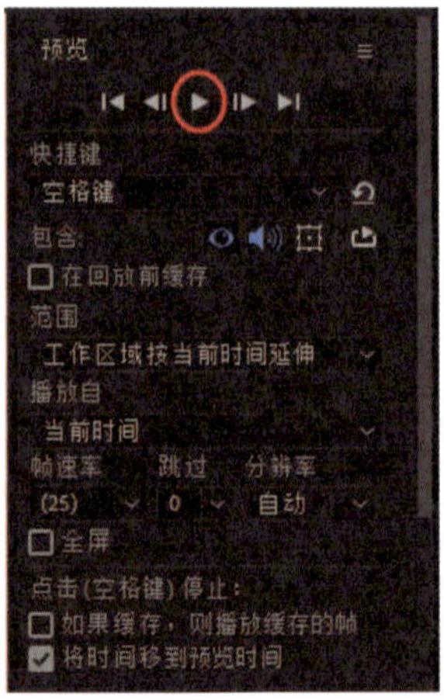

图 8-20

（4）合成输出。完成所有动画后，还要给动画旁白配上字幕，并通过“合成”菜单栏将其添加到输出列队，采用 H.264 格式，输出成 MP4 或 MOV 的视频文件，打开文件进行播放并进行检查，把不适合的地方进行调整，然后再进行输出，就可以得到“梦境茶园”APP 相关产品的 MG 动画，如图 8-21 所示。

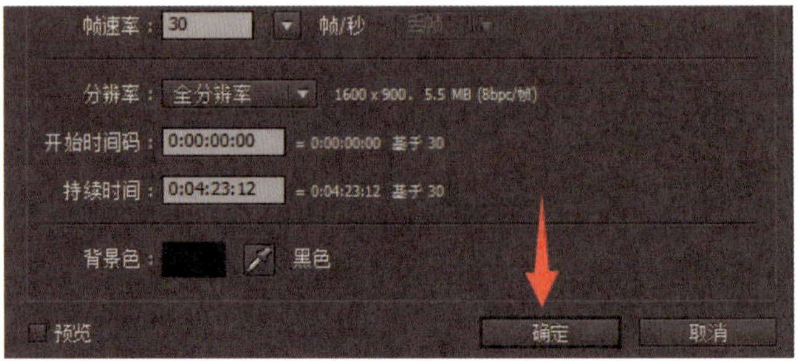

图 8-21

【思考与练习】

掌握了 MG 动画的基本制作流程后，可以利用一些常见的平面元素来进行动画制作练习。在练习过程中请思考：我们制作的 MG 动画与寻常商业广告中看到的 MG 动画之间存在哪些不同。

任务2 制作“梦境茶园”APP 的交互动效

【任务描述】

根据项目整体的视觉构成，制作“梦境茶园”APP 产品功能的交互动效。

【任务要求】

通过用户调研获得“梦境茶园”APP 的用户画像，确定动效关键词，根据关键词制作相应的 APP 动效内容，提升用户在使用软件时的综合体验。

【知识链接】

1. 动效

动效，也叫作动画效果，由动态和静态两部分构成，可用于提高元素和动作之间过渡的体验并与用户在使用产品的过程中形成交互。

在动效装配的过程中需要遵循以下 3 个基本要点。

（1）流畅性：APP 动效需要保持整个内容之间过渡的连续，既要包含场景之间的切换，也要包含页面与图标之间的互动。

（2）描述性：在用户使用的过程中，动效能够快速得到二级页面的关键信息，避免无关内容干扰。

（3）关联性：在贯穿整个用户体验的过程中，动效需要连接好各个关键事件与时间点，有序地排列效果优先级可帮助用户提升过程体验。

2. 使用 AE 制作动效

（1）新建大小合适的画布。在对 APP 的画幅进行制作时，需要和在手机上使用的分辨率一致，即分辨率大小为 1920px×1080px，这些参数可在 AE 的界面中进行设置，如图 8-22 所示。

（2）输入文字与图形。在 AE 顶部栏中选择文字工具，新建文本图层，输入文字，导入素材，将它们放置于图层中进行组合，如图 8-23 所示。

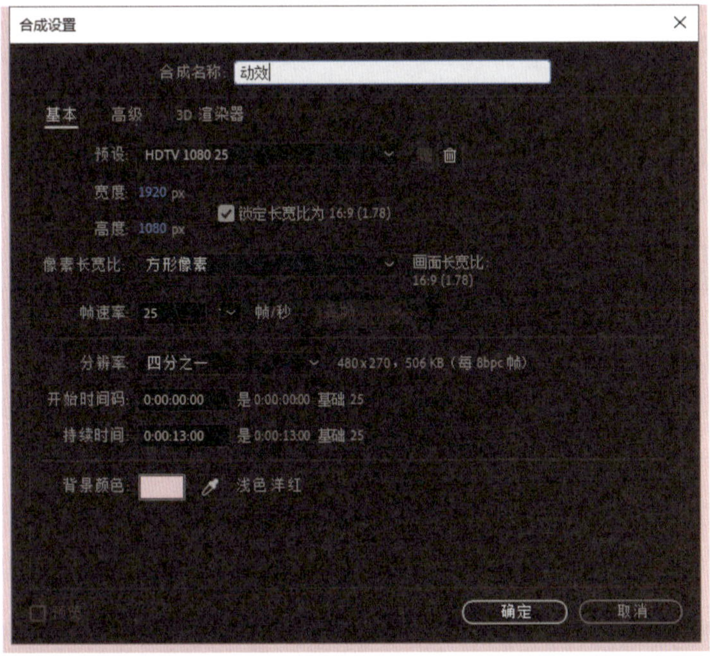

图 8-22

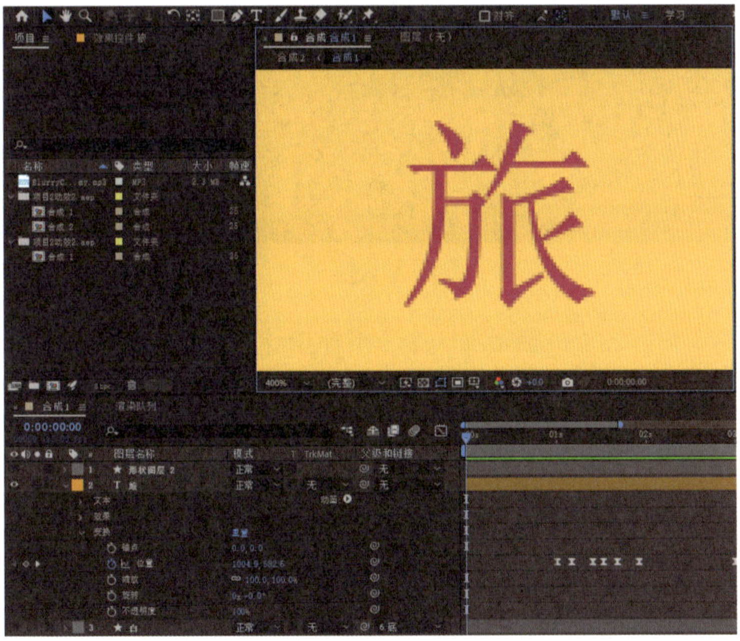

图 8-23

3. 动画效果

通过调整图层中相关素材的位置、大小、角度、透明度等多项内容，对动画效果的呈现方式进行调整，如图 8-24 所示。

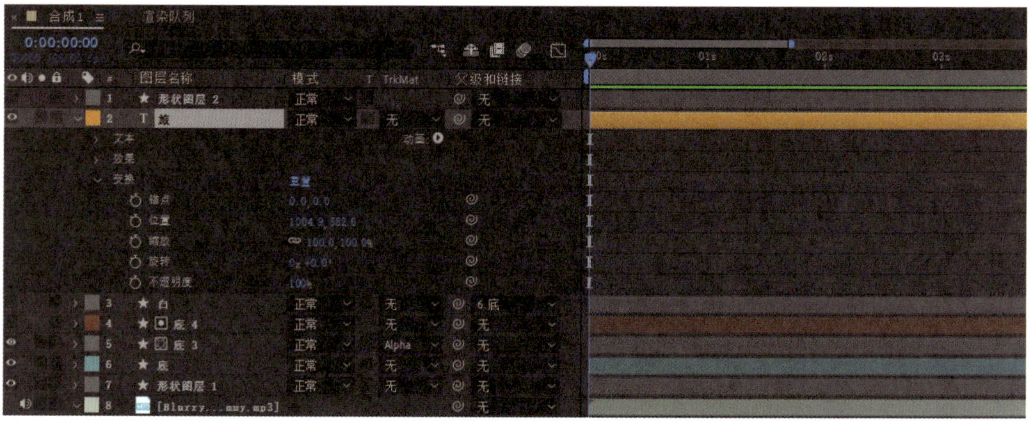

图 8-24

我们可以通过“父级”按钮衔接两个不同的图层，这样一个图层的运动会延伸到另一个图层，形成联动的动画效果，如图 8-25 所示。

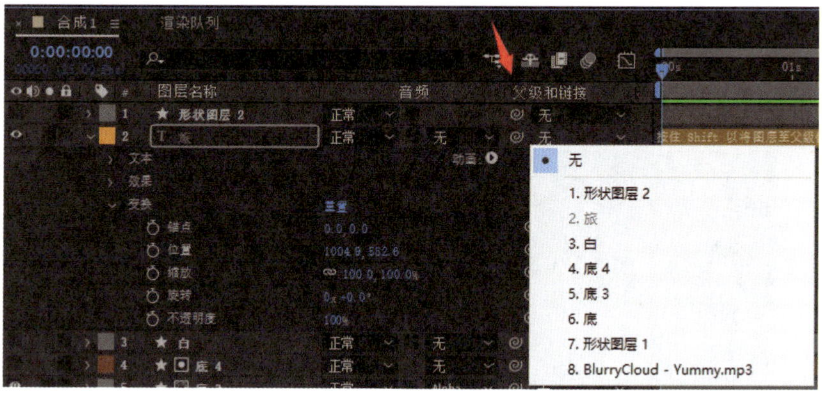

图 8-25

应用遮罩工具时，图层后会增加一个方形标识，这时可以使一些纹理和图案叠放在该图层下方形成使用层，这样画面就会根据文字呈现的剪影产生变化，如图 8-26、图 8-27 所示。

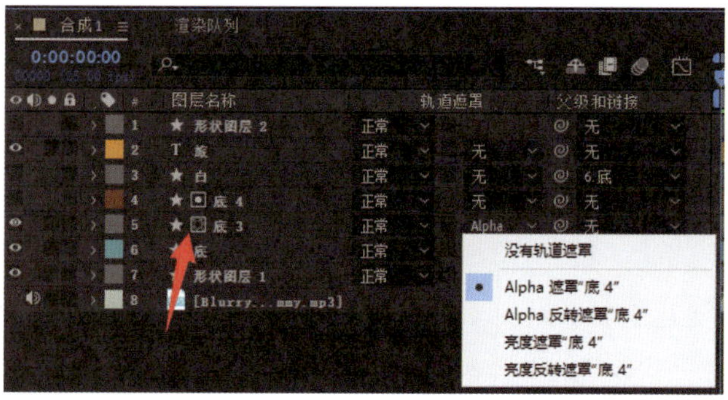

图 8-26

图 8-27

最后调整好各图层，并添加到渲染列队，如图 8-28 所示。

图 8-28

在输出设置中要调整好输出画幅的分辨率，设置帧速率为 30 帧 / 秒，然后单击“确定”按钮就可以等待渲染输出。

【任务实施】

1. 新建 AE 合成

根据 APP 适合的竖屏画幅，设置分辨率大小为 1920px×1080px，如图 8-29 所示。

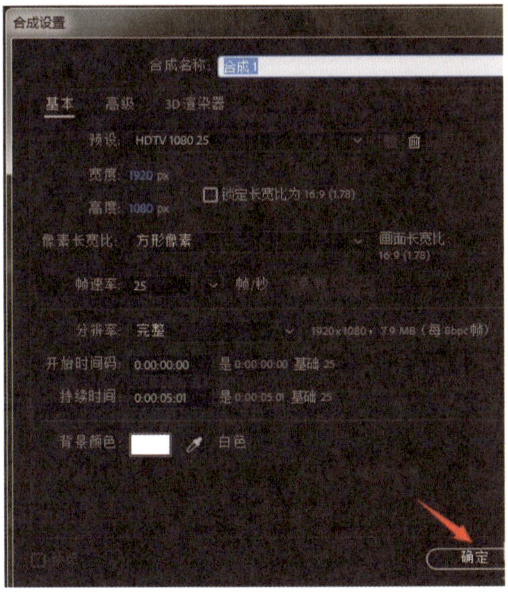

图 8-29

完成合成后双击“合成 1”文字部分，将合成对象重命名为“茶旅进入界面”，如图 8-30 所示（为理解方便，下面仍以“合成 1”为名进行讲解）。

2. 导入素材

把制作好的图标和界面素材分割成不同的图层后，根据图层的前后显示关系将其导入 AE 的时间轴，并在 AE 的时间轴中对导入的图标和图形进行组装，如图 8-31 所示。

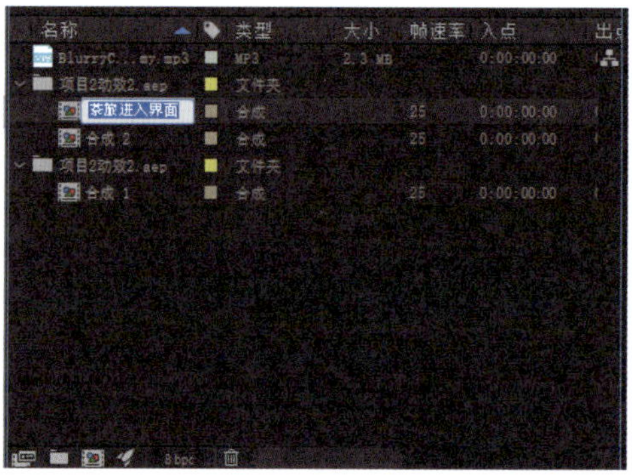

图 8-30

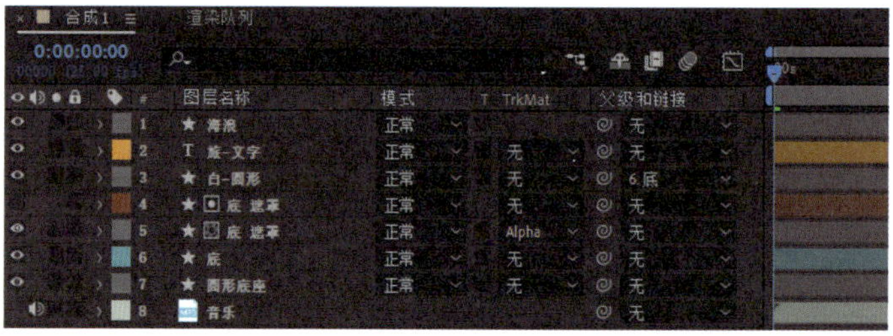

图 8-31

也可以利用 AE 的钢笔工具绘制形状图层，补充一些图形素材，如图 8-32 所示。

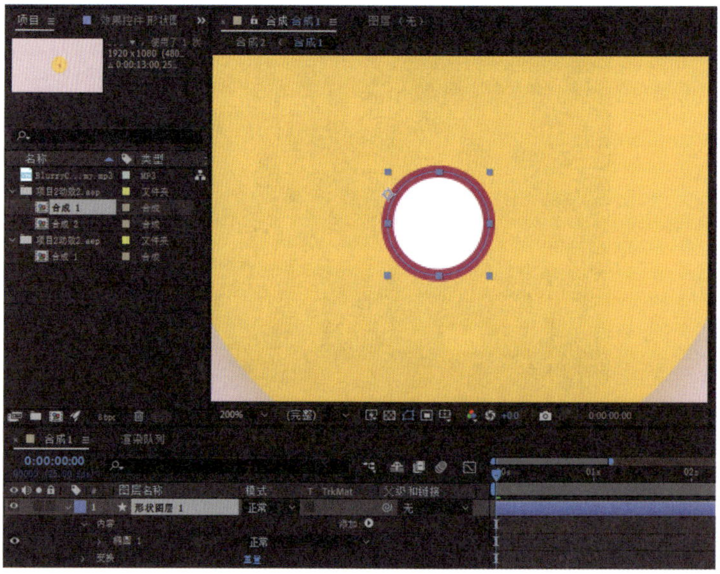

图 8-32

3. 制作动效

移动图层并调整关键帧位置，确定页面动画效果的呈现方式，这里根据 APP 需要呈现的效果，采用一个渐变放大的效果，如图 8-33 所示。

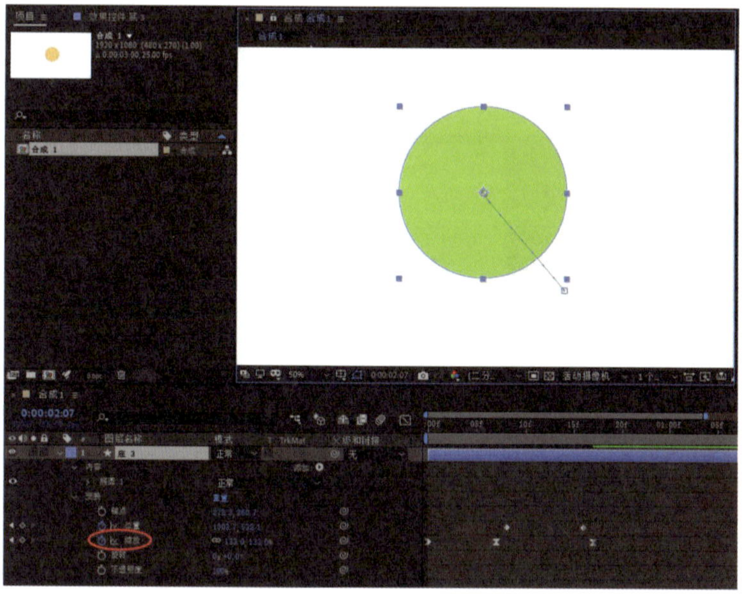

图 8-33

在制作“梦境茶园”APP 中，当进入茶旅页面时，使用淡粉色作为界面的底色，当图标的文字出现时，移动钢笔笔画的关键帧，移动后一个“旅”字像日出一样从波浪中跳出，波浪隐去，文字落到圈中间，页面转接到二级菜单，边缘的圈被填充成深粉色，如图 8-34 和图 8-35 所示。

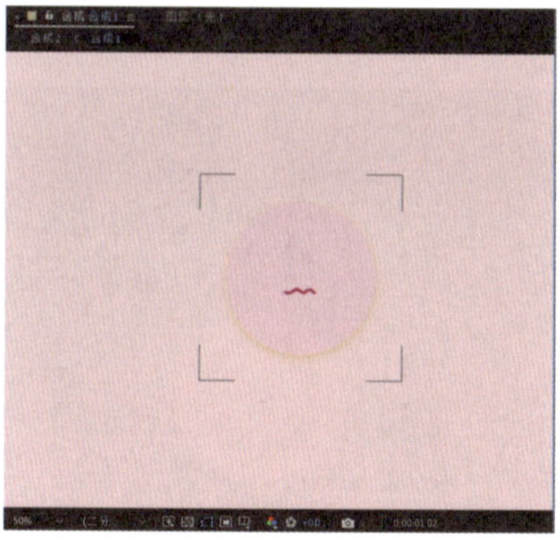

图 8-34

图 8-35

4. 输出效果

调整完毕后，对该段动画渲染的范围进行调整，如图 8-36 所示。

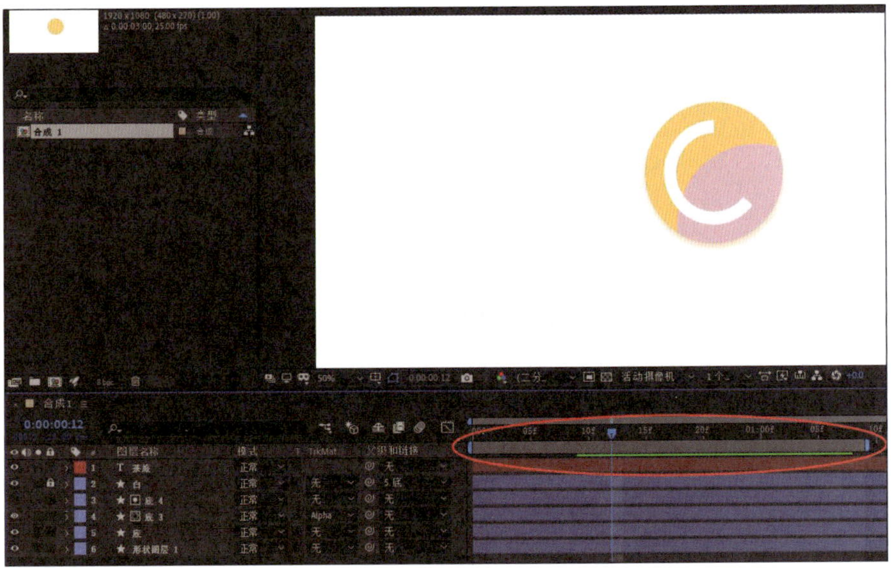

图 8-36

将动画进行输出后，我们可以使用播放器播放并检查完成的视频的效果，检查无误后就可以上传到网络平台进行宣传演示了，这样就完成了“梦境茶园”APP 中“旅”界面的进入动效，如图 8-37 所示。

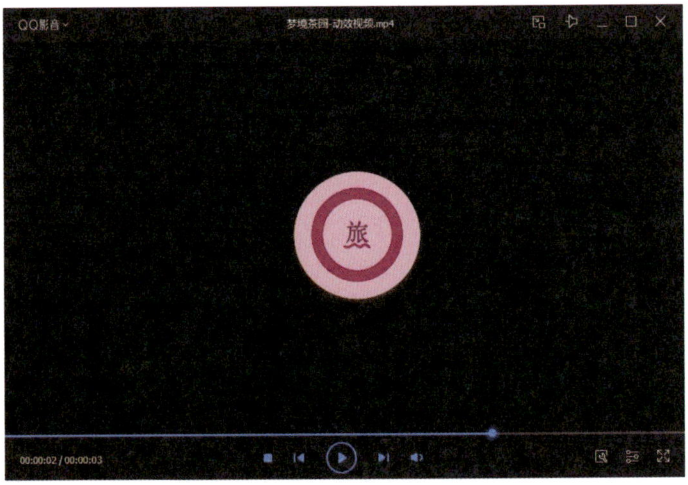

图 8-37

按照制作流程，只需要依次将 APP 各个功能模块进行对应动效的制作，再对二级界面的动效和一级界面的效果进行区分，输出各个功能模块的效果，就可以组装完成整个 APP 的动效体验了，如图 8-38 和图 8-39 所示。

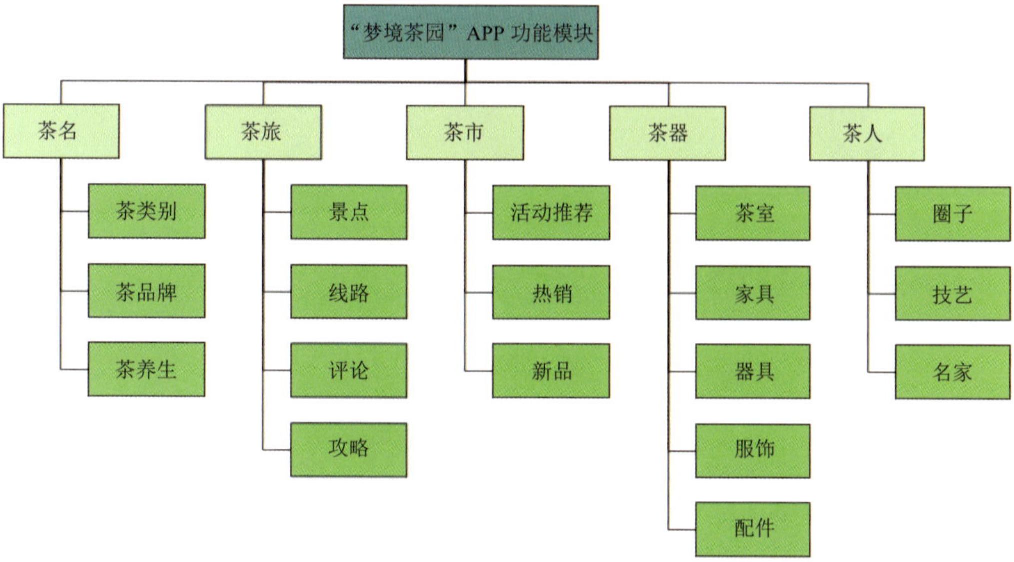

图 8-38

图 8-39

【任务拓展】

通过学习，我们已经可以使用 AE 制作“梦境茶园”APP 的交互演示动效，这些效果在一些页面中甚至可以作为宣传动画单独进行制作，如果甲方要求将该 APP 应用在网页端广告栏位进行宣传的话，除了尝试使用 AE 制作一小段文字动画外，还可以如何设计呢？

【思考与练习】

通过制作实践，我们基本掌握了制作 APP 图标动效的基本方法。还可以尝试制作二级页面到三级页面的动效，在制作的时候思考：通常当在打开手机软件的时候都会有进入页交互动效，该如何制作一个茶类 APP 的开屏交互动效呢？请尝试设计一个。

项目 9

产品评估测试

项目导读

产品高保真原型设计完成后，就要准备上线投放了，按照研发流程，这时需要对产品 Demo 进行评估测试，及时发现问题堵住漏洞并继续打磨产品。通过项目实践，我们要学习用户测试、设计走查的工作流程，掌握用户测试、设计走查的测试方法，改善产品性能。

教学目标

★ 掌握用户测试的常用工具和使用方法。

★ 掌握设计走查的常用工具和使用方法。

任务 1 实施用户测试

【任务描述】

根据用户测试的方法及流程对项目 Demo 进行检验，得出优化用户体验的新方向，修正设计错误，提升产品品质，增加受众的接受度。

【任务要求】

按照用户测试的工作流程，前期要做好招募、筛选用户工作；中期要注意观察、记录测试过程中的用户状态；后期要对测试数据进行分析和总结。从用户测试中发现产品存在的问题并及时调整产品的功能和模块。

【知识链接】

1. 用户测试

用户测试可用于整个产品研发过程的不同阶段，是用户在执行任务过程中发现产品设计的不足，并为优化产品使用行为提供依据，实现产品迭代升级的一种方法。与可用性测试不同，用户测试是针对用户体验的数据进行搜集，不以实际产品功能为结果导向，而是根据用户的审美、偏好、行为习惯等进行测试并进行分析，更多倾向于用户研究领域（并不局限于可用性测试），范围更广。

2. 可用性测试

可用性测试主要测试产品功能的易用性，让一群具有代表性的用户按照指令对产品进行典型操作，测试整个交互机制是否能够让用户快速完成任务且达到设计目标，在真实的使用过程中，观察用户的实际操作情况，详细记录并分析用户在使用产品中遇到的问题。

【任务实施】

1. 测试准备

用户测试前期准备工作内容有，招募筛选测试用户（角色）、确定观察室 / 访谈室（场景）、开展测试 / 访谈（行为）所需的相关物料。具体准备工作如下所述。一是根据项目的体量招募对象，一场用户测试一般需要 6 ～ 8 人，越大的项目采集的样本数量就越多。二是准备观察记录使用的物料工具，如纸笔、摄像机或手机、测试表格。三是制订测试任务，即编写测试脚本。测试任务制订一般由简至难，或者根据场景进行制订，如表 9-1 所列。

表 9-1　测试任务及内容

测试任务	测试内容	问题描述记录
一星任务	新用户登录注册“梦境茶园”APP	
二星任务	用户使用“梦境茶园”APP 发布动态或进行社交	
三星任务	用户使用“梦境茶园”APP 进行电商购物	

2. 测试阶段

用户测试开始时，需要有主持人进行测试主持，配备 1 ～ 2 名观察员进行全程记录，并且进行测试时尽量不要过度引导用户，以免测试结果不客观、不准确。参与测试的用户要填写用户基本信息，测试主持人向用户介绍测试时间、测试目的、测试任务、测试流程、测试规则。

进行用户测试时，应给用户营造一种氛围，让用户感觉是在“真实”的环境下使用“梦境茶园”APP，并让用户在执行任务的过程中，尽可能地边做边说，说出自己操作时的想法和感受。例如：假设用户在通勤路上利用碎片时间上网，因为最近想要送点礼物给朋友，于是打开“梦境茶园”APP，打算购置一件茶器。

（1）测试 APP 的功能、性能、兼容性、安全性等内容，发现和记录问题。测试内容示意图如图 9-1 所示。

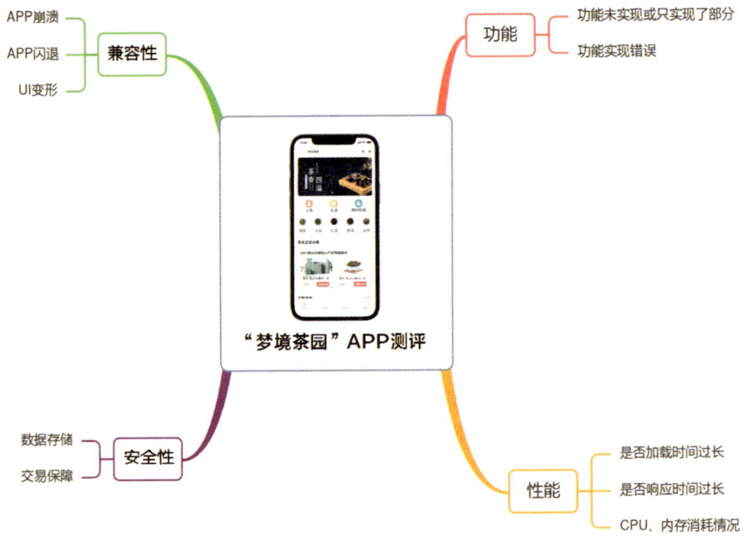

图 9-1

（2）测试 APP 的可用性、易用性、实用性等，应偏重于用户体验，例如：界面显示是否美观；页面排版是否过长；导航设计是否友好……

3. 测试总结

完成测试后，需要对问题描述和记录数据进行整理，将测试结果进行共享。就发现的用户体验问题和产品缺陷，相关人员应进行研讨，并汇总形成简要的测试报告。确定在产品发布前需要进行优化的具体问题，并将对应的问题分类，确定解决问题的负责人。

产品测试方法

【任务拓展】

通过用户测试实践训练，我们已经掌握了用户测试的相关工作流程及方法，按照这个流程及方法，可以进行拓展练习，完成另外的星级任务。

【思考与练习】

为了更好地掌握用户测试和可用性测试的方法，需要在实际工作过程中不断地练习，这样在面对不同的产品和用户时，才可以灵活地运用用户测试和可用性测试的技巧，解决产品测试和设计验证过程中的问题。

任务 2 完成设计走查

【任务描述】

APP 上线前，交互设计师要把高保真原型图提交给开发人员，并与其沟通，确保交互稿、视觉稿、功能应用和设计规划一致，避免现实偏差，因此需要进行设计走查。设地走查是设计还原开发的必需环节。

【任务要求】

通过设计走查全面检测 APP 产品的视觉、交互、规范等产品模块要素，做好设计自查工作，帮助开发人员迅速发现设计稿与实际产品的偏差，减少设计师与开发工程师协作的时间成本，更有效地提升团队成员合作效率。

【知识链接】

设计走查是指根据一定的交互设计标准和开发规则对设计方案或产品原型从头到尾进行一次问题的发现与总结，便于产品的修改和迭代，相当于给产品进行“体检”，而设计走查表就相当于体检表。

1. 设计走查的标准

（1）交互标准：一是检查 APP 产品的交互功能的完整性，根据用户使用行为及各业务状态遍历所有的操作，包含主要功能和次要功能；二是检查 APP 的布局、组件、控件、图标、动效、交互等功能模块。

（2）视觉标准：主要围绕图片排版、颜色搭配、字体运用、质感呈现、动画效果 5 个模块进行检查。

2. 设计走查的方法

因为项目和产品不同，设计走查没有固定的标准模式。业内总结了常用的 4 种方式，可以依据实际结合使用。另外有一些公司根据自己的业务也开发了内部使用的走查工具，如：他山石。

（1）当面口述：交互设计师与开发程序员面对面沟通，将问题向程序员描述，程序员对代码进行修改，解决了所有问题后，设计师再离开，结束走查工作。

（2）图片截图：将产品存在的问题通过图片截图发送给开发人员，即进行可视化问题描述，该方法简洁明了。

（3）文档记录：使用在线文档将走查的问题进行文字表述，实时记录当前问题及产品状态，参与测试的其他工作人员能够协同编辑文档。

（4）缺陷记录：对存在问题进行整理归纳，使用缺陷工具或者直接运用截图标注、文档备注等形式描述需修改的内容。

【任务实施】

1. 制订任务

依据“梦境茶园”APP 项目的实际需求，制订产品设计走查任务，包含参与人员、任务列表、时间进度、走查标准等。设计走查可以划分为个人自查和他人检查，其中他人检查包括了同事审查、专家审查、可用性测试以及 A/B 测试等。具体任务点如下所述。

（1）交互功能走查。以“梦境茶园”APP 为例，按照走查标准，确定使用场景，列出走查的任务点，逐项排查。

1）是否所有页面都可以跳转、所有控件都可以使用？

2）是否层级信息已经简化？

3）是否启动、返回、退出流程都已经优化？

4）是否所有模块已经配置完毕？

5）是否对原型进行了开发标注？

6）是否有良好的操作体验感？

7）是否……（其他）

任务点设定主要围绕信息架构、功能应用等核心业务、急需解决的问题、体验优化等方面。设计走查可以通过回顾迭代的信息架构图及实际高保真原型图，按照功能模块归纳任务点，逐一排查。图 9-2 所示为设计走查的任务点框架，图 9-3 所示为测试过程的界面。

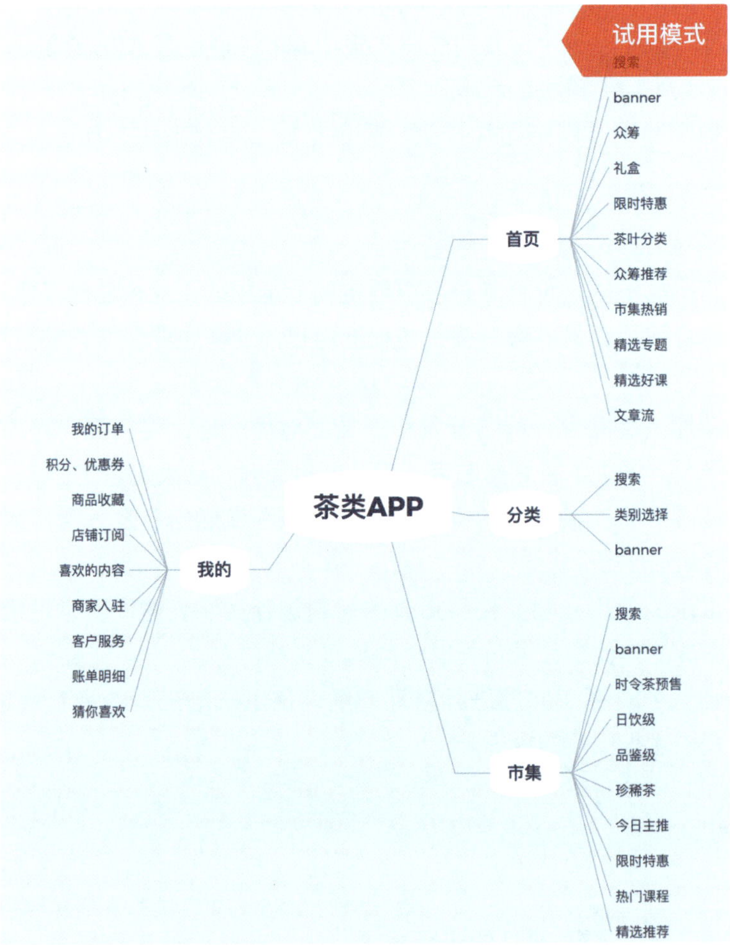

图 9-2

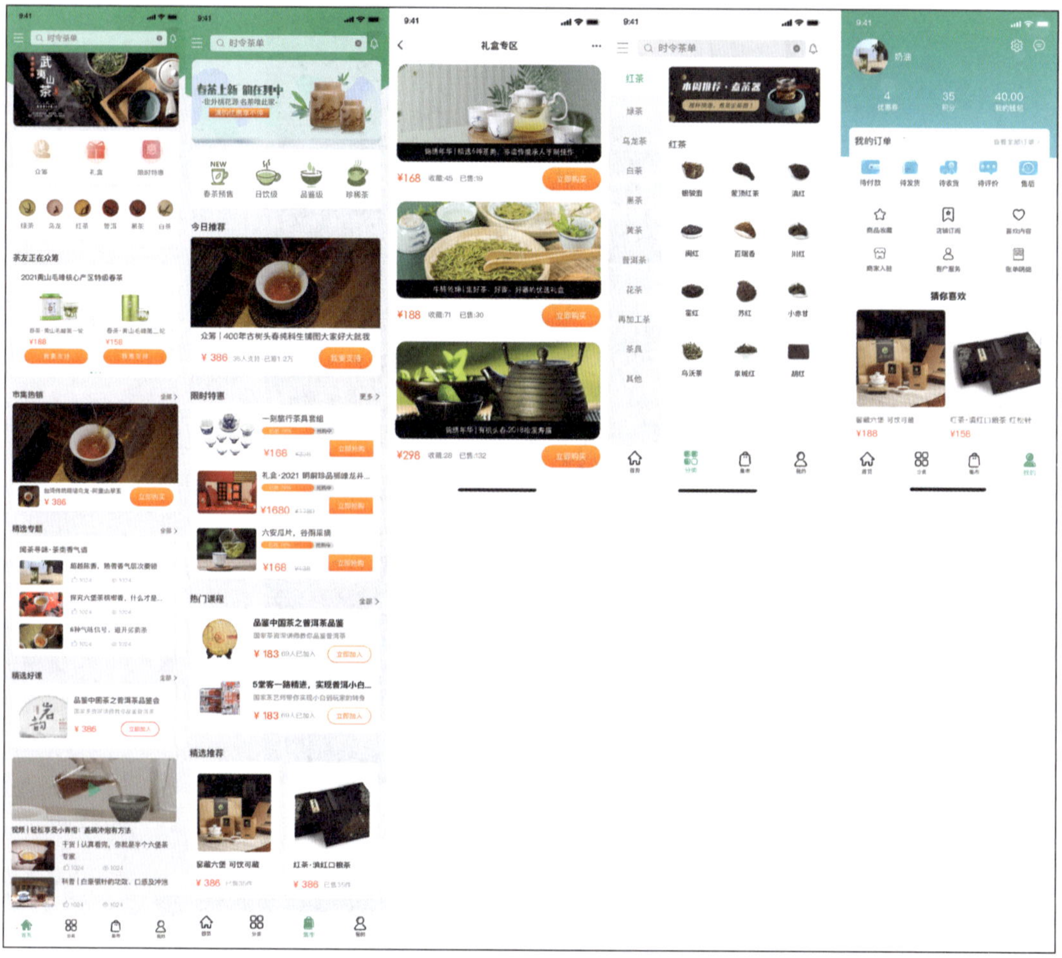

图 9-3

（2）视觉设计走查。现在的产品在功能和内容上同质化越来越严重，只有把体验和服务做好，才可以使自己的产品在竞品中脱颖而出。与交互功能走查相比，视觉设计走查更多的是对细节方面的核查。视觉设计走查需要关注以下几点。

1）图片：检查图片尺寸、分辨率、图片格式等。

2）色彩：检查色彩模式、色彩数值、色彩搭配等。

3）字体：检查字号、字体样式、字体间距等。

4）图标：检查图标风格的一致性、位置大小、对齐排列等。

5）动效：检查跳转、弹出、隐藏等动态效果。

6）……（其他）

为了能快速沟通及做好设计走查工作，项目团队可以使用具备交付、评审、修改功能的新型工具平台完成备注、预览等工作。项目团队可以选择使用即时设计、摹客等国内工具平台，完成视觉设计走查，如图 9-4 和图 9-5 所示。

9:41
礼盒专区
锦绣年华 | 精选6种茶类，非遗传承人手制佳作
¥168 收藏:45 已售:19
可以考虑添加购物车
取消
评论
牛转乾坤 | 集好茶、好香、好器的优选礼盒
¥188 收藏:71 已售:30
立即购买
锦绣年华 | 有机头茶.2018松溪寿眉
¥298 收藏:28 已售:132
立即购买

图 9-4

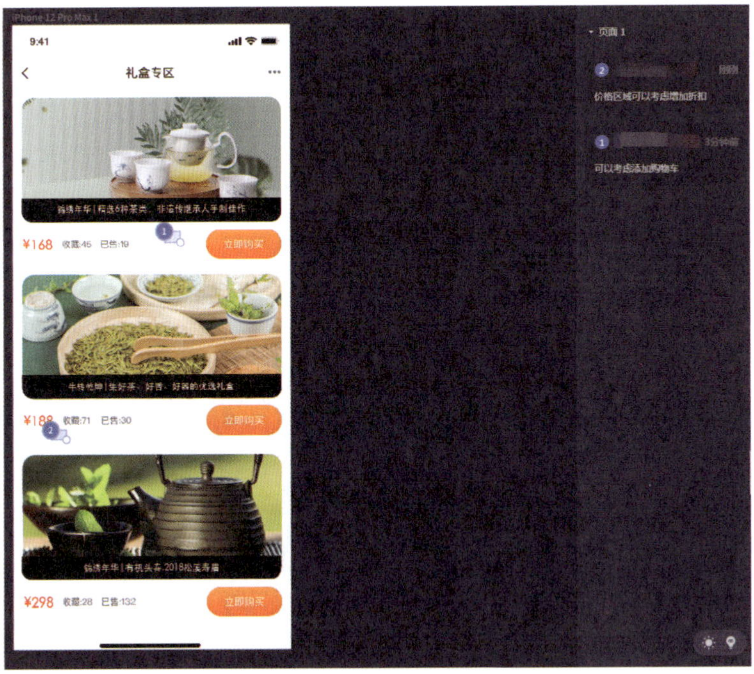
9:41
礼盒专区
锦绣年华 | 精选6种茶类，非遗传承人手制佳作
¥168 收藏:45 已售:19
立即购买
牛转乾坤 | 集好茶、好香、好器的优选礼盒
¥188 收藏:71 已售:30
立即购买
锦绣年华 | 有机头茶.2018松溪寿眉
¥298 收藏:28 已售:132
立即购买
页面 1
价格区域可以考虑增加折扣
可以考虑添加购物车

图 9-5

2. 设计产品走查表

不管使用哪种走查方法，都需要将走查内容进行梳理和排列，使用表格是一种便捷的可视化方法，便于查看和记录。可以依据项目实际情况单独制订设计走查表，也可以使用各类线上工具提供的模板。

（1）依据项目实际情况单独绘制符合要求的走查表，此时需注意，表格内容要根据业务流程进行设计，避免遗漏某个组件模块。

（2）各类设计工具平台都推出了相应的设计走查表，研发团队可以根据项目需要，直接使用此类模板（可进行调整或修改），提高工作效率。我们使用腾讯文档里的设计走查跟进表来完成对本项目的设计走查。设计走查跟进表样例如图 9-6 所示。

设计走查跟进表

序号	体验问题	所属模块	问题截图	提出人	设计跟进人	产品跟进人	产品意见	开发跟进人	修改时间	当前进展	需求单	备注
1	[illegible]	主页		[illegible]	[illegible]	[illegible]	[illegible]	孙倩	9月8日	修改中	docs.qq.com/doc	

图 9-6

【任务拓展】

通过设计走查的练习实践，我们了解了交互功能走查、视觉设计表查、设计产品走查表等工作。掌握设计走查的 4 种常用方式和任务要点，读者可根据所学知识设计适合自己项目产品的设计走查表。

【思考与练习】

开展设计走查工作是为了提升工作效率、确保产品质量和解决潜藏的问题。因此在设计走查表时一定要注意，在全面细致的同时，也要剔除冗余的信息，聚焦用户体验和产品功能等核心问题，生成可复用且可持续优化的走查表。

项目 10

虚拟现实交互设计

项目导读

随着虚拟现实（VR）、数字孪生、智慧城市等数字技术的发展，交互设计师应不断更新自身的技术储备，要既能承担当下工作任务，又能适应未来挑战。通过学习利用 Blender + Godot 制作虚拟现实交互茶室，掌握从 Blender 中导出模型、在 Godot 中设置场景的方法，并学会编写基本交互代码。本项目力求让读者更加直观地了解虚拟现实的原理及制作流程，将理论贯穿于实践中，达到事半功倍的学习效果。通过学习虚幻引擎（Unreal Eegine）的蓝图可视化编程，掌握基于节点的模块组件，在编辑器中完成创建各种交互功能，制作多种茶叶冲泡的场景交互实例，训练读者的逻辑思维及培养读者的编程思想。

教学目标

★ 掌握 Blender 中相关工具的使用方法、利用 Godot 引擎制作 VR 交互场景的技巧、通过 Godot 发布 Web 应用技术。

★ 掌握虚幻引擎的蓝图可视化编程系统，学会使用引线连接节点，掌握创建可交互动画及实现各种数据传递的方法。

任务 1 VR 茶室场景制作

【任务描述】

根据场景设计风格，导入并组建完成茶室模型。

【任务要求】

民族要复兴，乡村必振兴，国家提出乡村振兴的倡议，交互设计师要思考如何利用前沿数字技术（网络化、信息化、数字化）服务现代农业、建设数字乡村，将数字创意与乡村振兴结合起来，让乡土文化与数字创意碰撞。为此，我们使用虚拟现实技术制作 VR 茶室，是将“梦境茶园”品牌进行数字化呈现的一种尝试。根据设计，导入并配置茶室模型，掌握场景制作的基本技术和原理。通过茶室场景实例制作掌握“基本变换工具”“材质设置”“纹理贴图”“导出模型”等功能。

【知识链接】

1. Blender 界面布局

Blender 是位于当今影视及游戏行业前沿的三维动画及次世代游戏场景制作软件，图 10-1 所示是它的界面布局。下面介绍该软件的部分功能。

图 10-1

（1）菜单栏。打开 Blender 软件，首先进入的是它的基础操作界面，操作界面最上面一行为菜单栏，如图 10-2 所示。

图 10-2

（2）模式窗口。在模式窗口中可以通过切换标签快速进入不同的工作模式，在此区域进行切换操作后，视图中的相关操作功能将发生相应变化（将在后面的实际操作中进行相应讲解），如图 10-3 所示。

图 10-3

（3）大纲视图。在大纲视图中可进行场景对象的选择、隐藏、冻结、编制、集合等多种与场景管理相关的操作，如图 10-4 所示。

（4）属性面板工具栏。属性面板包括场景环境设置标签、基本设置标签以及与当前选择（激活）的对象相关的全部属性参数设置标签，通过单击不同的属性面板设置标签可切换进入相关功能设置界面，如图 10-5 所示。

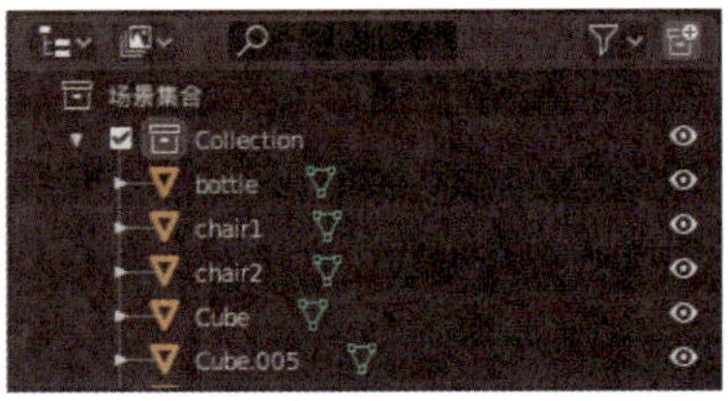

图 10-4

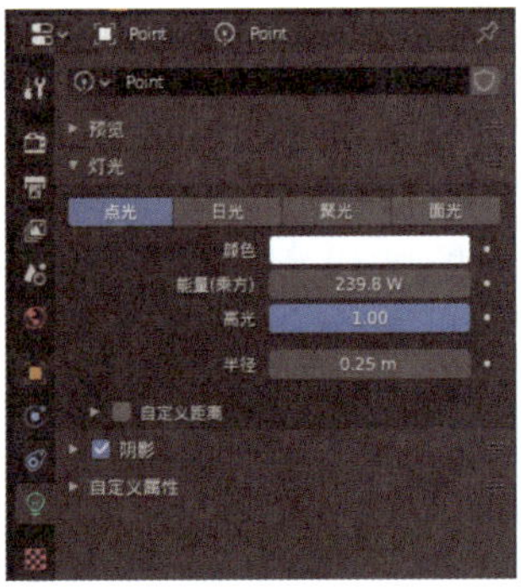

图 10-5

（5）底部状态提示栏。底部状态提示栏区域包括两部分，分别用于提示当前功能状态和显示当前选择的对象信息，如图 10-6 所示。

图 10-6

（6）变换工具。变换工具位于视图左边，通常用于推荐使用的快捷键，如“选择（W）”“移动（G）”“旋转（R）”“缩放（S）”等，如图 10-7 所示。

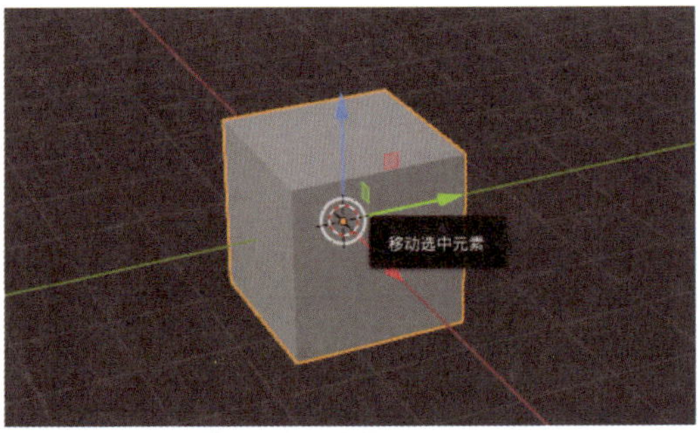

图 10-7

2. Blender 的基本变换工具

场景相机视图操控。通过“滚动鼠标中键”来实现操控整个场景相机视图；“按住鼠标中键”移动鼠标实现旋转；“按住鼠标中键 +Shift”实现平移。注意，上述这些操作本身只是改变观察场景的相机位置，而非改变物体的移动、旋转、缩放属性。

3. Godot 引擎介绍

Godot 是麻省理工学院（MIT）开发的一款基于 MIT 协议的游戏引擎，因其功能强大和友好的 GDScript 语言，被广泛应用于游戏、移动平台、医疗、工程、建筑等诸多领域，是数字引擎领域的一颗耀眼新星。该引擎界面简洁友好，如图 10-8 所示。下面介绍其部分功能。

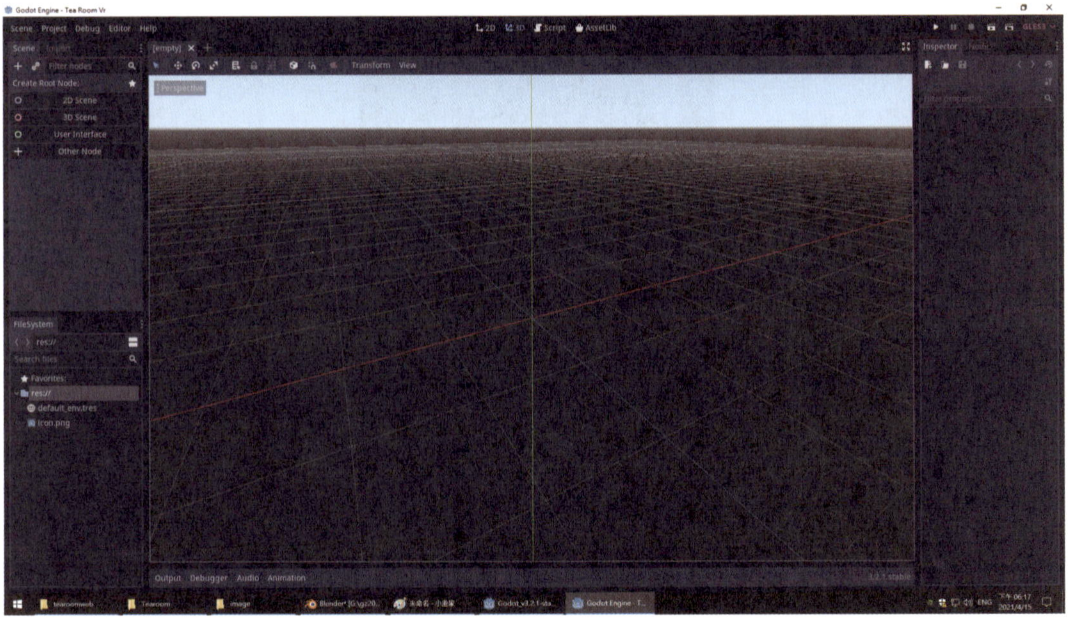

图 10-8

（1）菜单区域。菜单区域有 Scene（场景）、Project（项目）、Debug（调试功能）、Editor（编辑器）和 Help（帮助），如图 10-9 所示。

（2）Scene 面板和 Import 面板。Scene 面板管理当前场景的所有对象节点，通过单击加号（+）添加对象、通过搜索栏查找对象，如图 10-10 所示。Import 面板用于查看和管理在 FileSystem（文件系统）中选择的导入对象的属性。

图 10-9

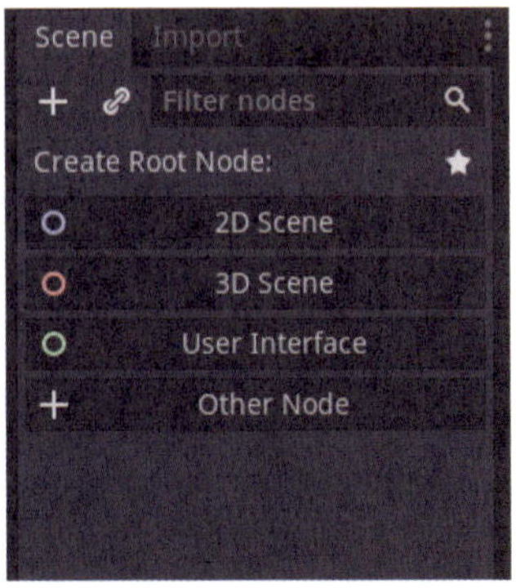

图 10-10

（3）FileSystem 面板。通过 FileSystem 面板可访问项目的模型、图片、代码、音频、视频等所有资源文件，在文件区域右击可选择 New Scene（新建场景）、New Folder（新建文件夹）、Show In File Manager（在操作系统文件管理器中查看项目文件）等常用命令，然后进行相应操作，如图 10-11 所示。

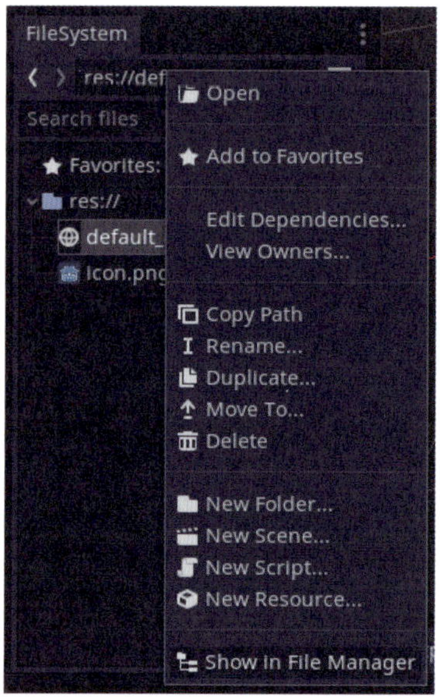

图 10-11

（4）视图类型切换。视图类型包括 2D、3D、Script（脚本）、AssetLib（资产库）（有本地资源和网络资源），如图 10-12 所示。

（5）调试区域。利用 Debug 功能可进行场景调试控制，测试运行效果，如图 10-13 所示。

图 10-12

图 10-13

（6）Inspector（检查）面板和 Node（节点）面板。Inspector 面板用于设置场景中当前选择对象的相关参数，Node 面板用于管理信号方法和设置对象群组，如图 10-14 所示。

（7）Output（输出）、Debugger（调试信息）、Audio（音频）、Animation（动画）。此区域用于对调试运行信息的观察及管理、对音频节点和动画节点的管理，如图 10-15 所示。

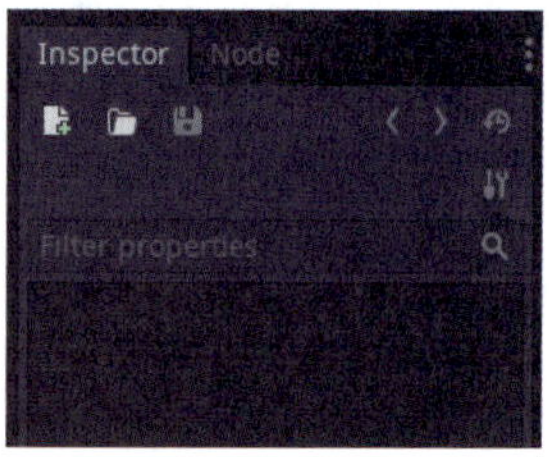

图 10-14

图 10-15

【任务实施】

1. 模型场景的基本编辑

（1）运行 Blender，在“文件”菜单下打开场景模型，然后在界面右侧大纲视图中观察场景的构成，可以看到场景的所有对象，在此需要删除一些在导入 Godot 游戏引擎时导入的不必要的或者后续在 Godot 中进行设置以达到优化游戏性能目的的对象。这些操作在 3D 场景导入游戏引擎前是非常常见和必要的操作，如图 10-16 所示。

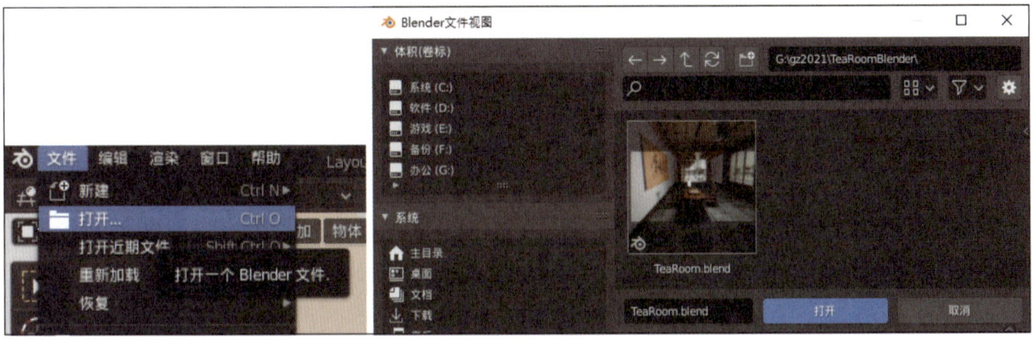

图 10-16

（2）选择和编辑场景对象。可以通过在视图中单击对象或在界面右侧大纲视图中单击对象名称来选择对象。这里单击选择 Point 后，按“Shift + 左键”组合键同时选择 Sun（灯光）这个对象，再右击，在弹出的快捷菜单中选择“删除”命令，删除灯光（灯光将在 Godot 引擎中另行设置），如图 10-17 所示。

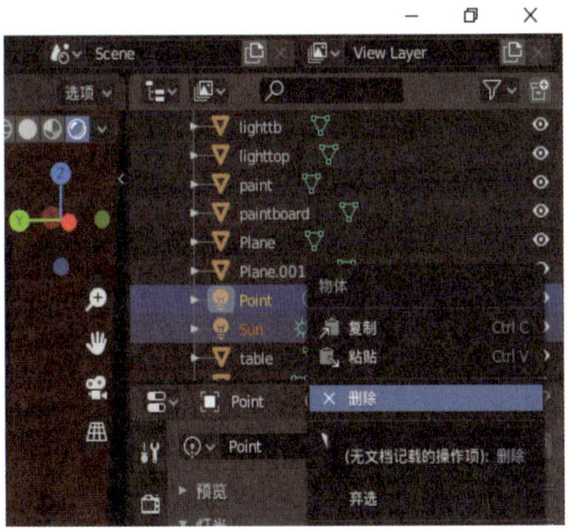

图 10-17

（3）运用创建、操作对象的相关功能制作画底框。按“Shift+A”组合键，在弹出的菜单中选择“网格”→“立方体”命令，创建一个立方体，如图 10-18 所示。按“/”键可以只显示当前选择的对象，以便观察和编辑，再次按“/”键可以切换回显示全部对象的状态。

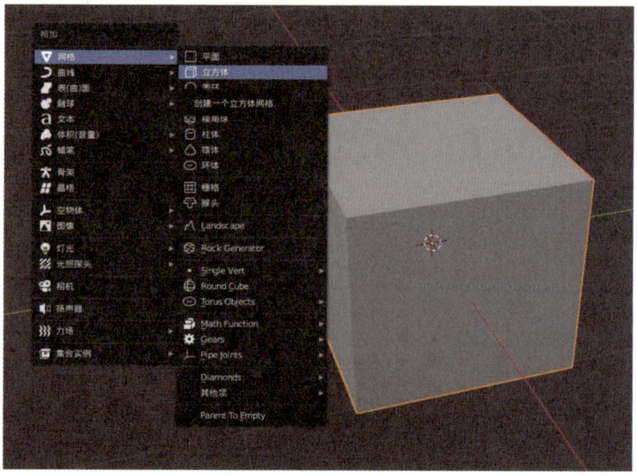

图 10-18

（4）编辑对象、操纵视图、观察对象。使用快捷键“G（或 Y、Z）+ 移动鼠标”可以锁定并沿着相应轴向移动对象；按“R+X”快捷键以 X 轴为旋转轴旋转对象；按“S+X”快捷键沿 X 轴缩放对象。可通过这些方法调整立方体的大小并将其放置到墙画背后作为画框，如图 10-19 所示。

图 10-19

操作过程中可以滚动鼠标中键缩放视图、按鼠标中键旋转视图或按鼠标中键配合 Shift 键移动视图，来更好地进行观察，也可以通过快捷键来快速切换观察视角。

此处操作要注意的是，如果选择对象后直接用 S 键进行缩放，是对 3D“对象级别”本身比例的缩放，会改变 Scale 值（比例值），可以在视图右上角单击并拖动出现的小箭头，在拉出的菜单中观察此值，如图 10-20 所示。之所以要注意此值，是因为如果我们使用 Tab 键进入多边形“次对象级别”编辑模式（编辑点、边、面的模式），再用 A 键全选所有“次对象级别”的网格点或边或面，使用 S 键进行缩放后，“对象级别”的 Scale 值始终是 (1,1,1)。而在某些 3D 软件或游戏引擎中，“对象级别”被改变的缩放比例将恢复为 (1,1,1)，因此在此类软件中导入场景会发生对象变得“奇形怪状”的情况，所以“对象级别”的比例要尽量保持为 (1,1,1)。解决上述问题的方法就是缩放“次对象级别”而非“对象级别”本身。

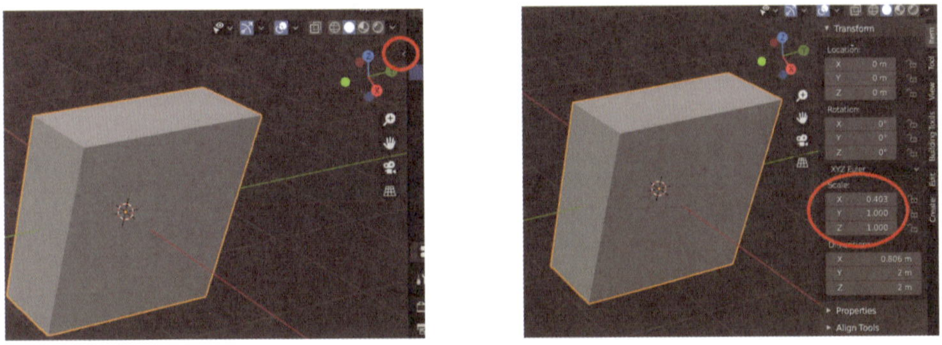

（a）　　　　　　　　（b）

图 10-20

（5）为选定对象设置材质纹理。选择已有的水墨画对象，在右边的属性面板里单击材质标签切换到“材质”面板，观察这个对象的材质纹理。尝试通过单击贴图文件图标更换不同的贴图作为新的墙面画，如图 10-21 所示。另外，图 10-21 中的黄圈处可以更换为不同的材质（在本教程中只推荐使用 Blender 默认的“原理化 BSDF”材质类型，原因是，游戏引擎通常只使用基本材质类型）。

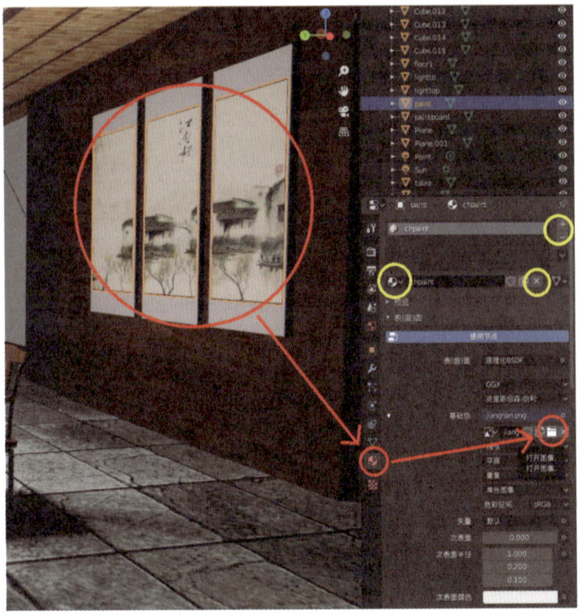

图 10-21

（6）导出模型。场景编辑完成后按“Ctrl+S”组合键保存文件，在“文件”菜单下选择“导出”命令，选择保存地址并选择 glTF 2.0 格式对文件进行保存（此文件后面将在 Godot 引擎中进行导入），如图 10-22 和图 10-23 所示。

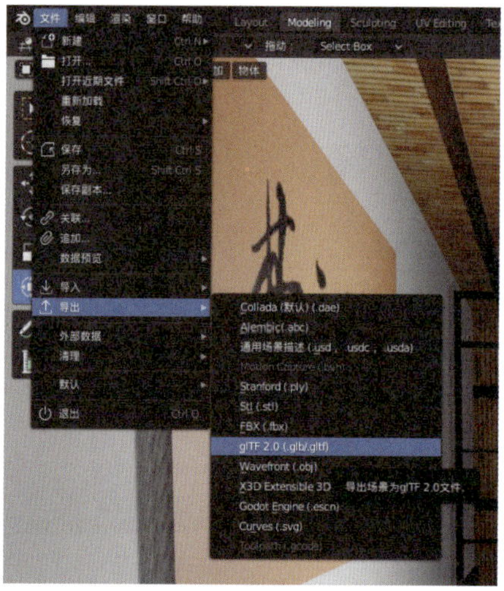

图 10-22

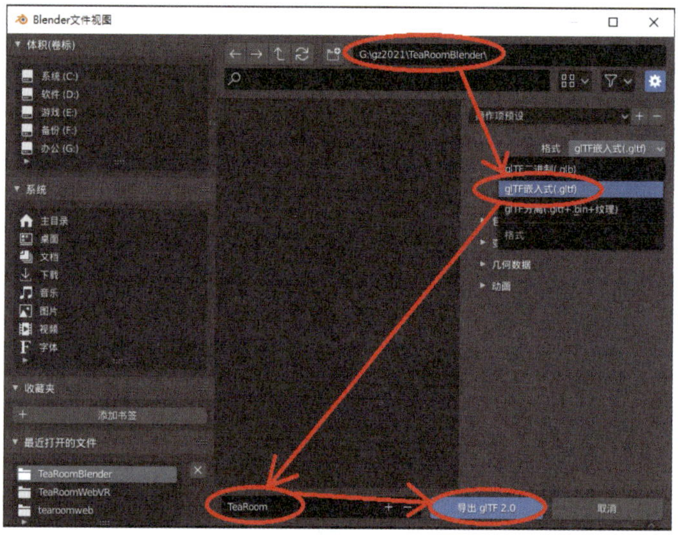

图 10-23

2. Godot 虚拟现实场景设置

（1）双击桌面 Godot 图标，如图 10-24 所示，运行 Godot 引擎。

图 10-24

（2）在 Project（项目）面板中单击 New Project，在弹出的对话框中单击 Browse，在弹出的对话框中选择项目文件夹的存放路径。单击 Create Folder 创建项目文件夹，在弹出的对话框中给文件夹命名，单击 OK 按钮，再单击 Select Current Folder 按钮，最后单击 Create & Edit 按钮完成项目创建并启动项目，如图 10-25 所示。

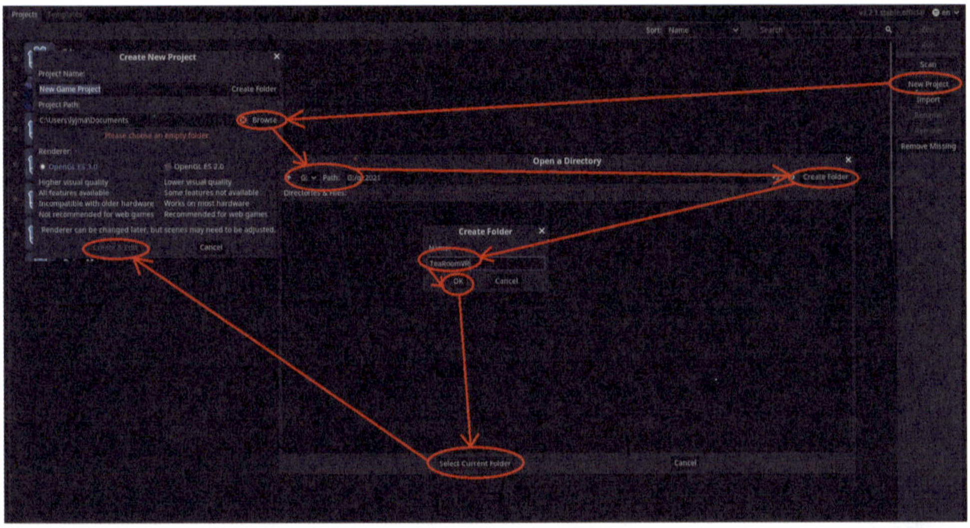

图 10-25

（3）将 glTF 2.0 文件导入 Godot 游戏引擎并完成场景设置。在 FileSystem（文件系统管理）下右击根目录 res://，选择 Show In File Manager 命令打开操作系统文件管理器，查看当前项目文件夹目录，并在弹出的 Windows 文件浏览器中新建一个文件夹并将其命名为 Asset，如图 10-26 所示。

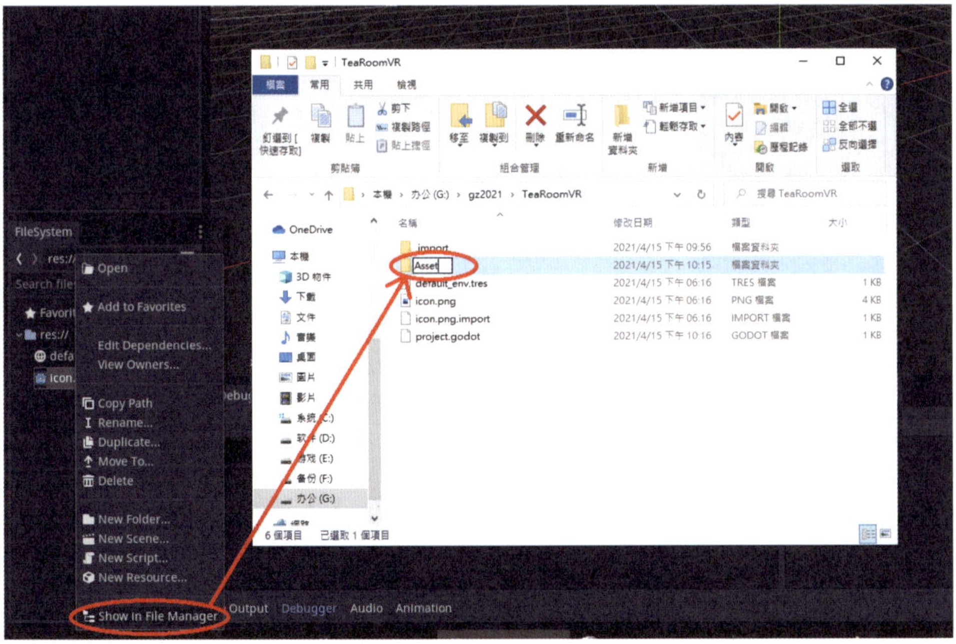

图 10-26

单击进入 Asset 文件夹，将之前在 Blender 中导出的 TeaRoom.gltf 文件复制到 Asset 文件夹里，如图 10-27 所示。

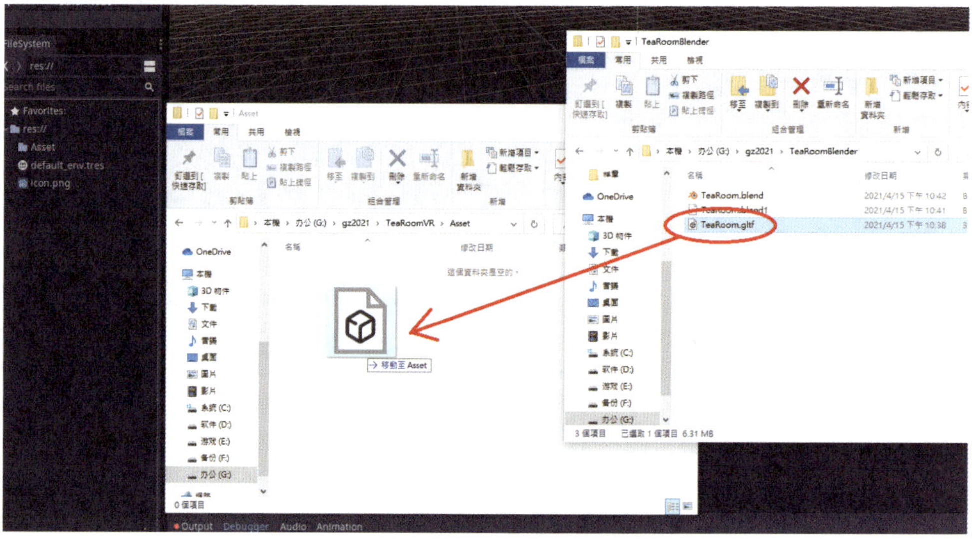

图 10-27

回到 Godot 中，此时将发现在 Asset 目录下已导入了 TeaRoom.gltf 文件及相关的素材纹理文件，如图 10-28 所示。

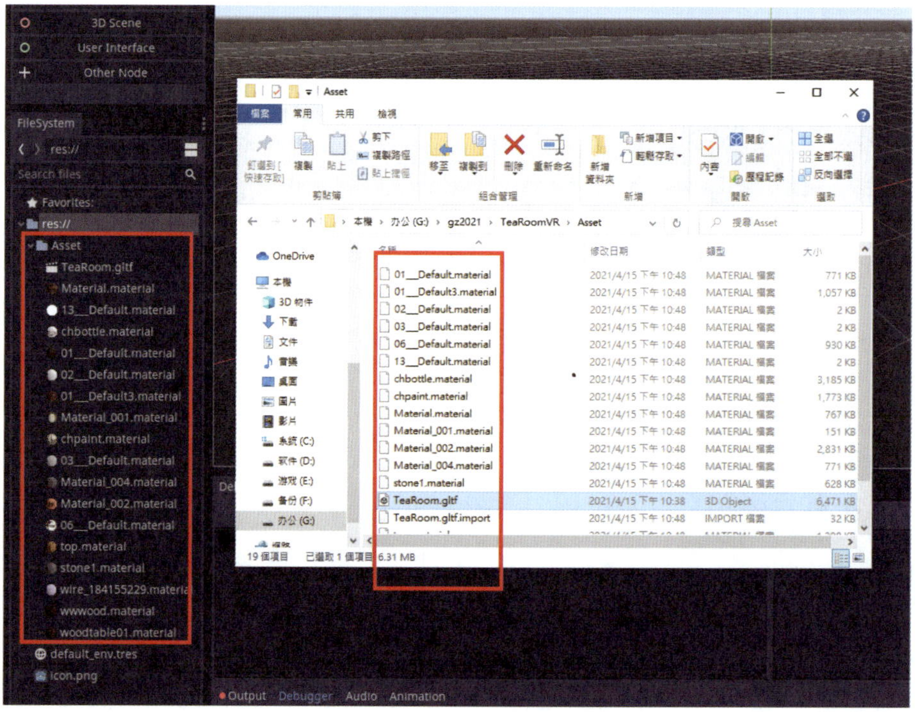

图 10-28

（4）编辑场景。单击 Scene 面板下的 3D Scene，创建一个 3D 场景，如图 10-29 所示。将 TeaRoom.gltf 模型文件拖曳到 Spatial 节点上，如图 10-30 所示。

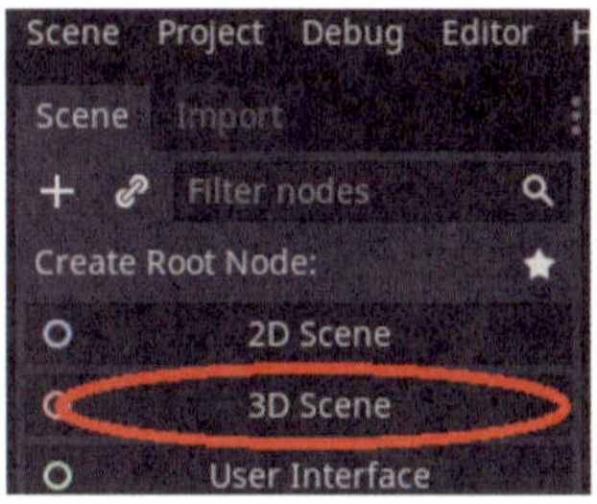

图 10-29

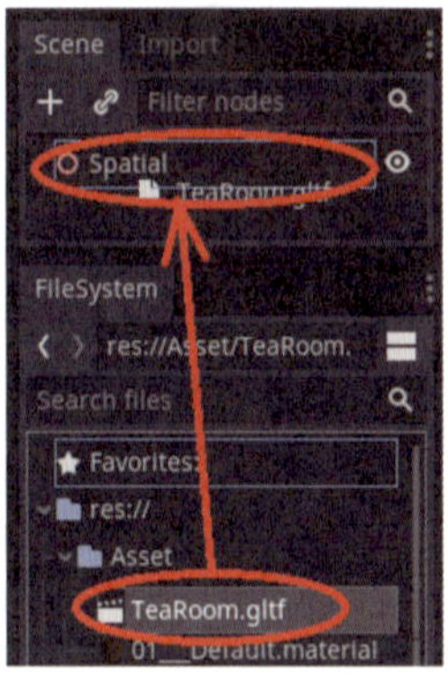

图 10-30

（5）添加灯光对象。选择 Spatial 节点，单击上方的“+”号，通过弹出的对话框搜索 light，在弹出的列表中选择 OmniLight，然后单击 Create 按钮创建一盏泛光灯，如图 10-31 所示。

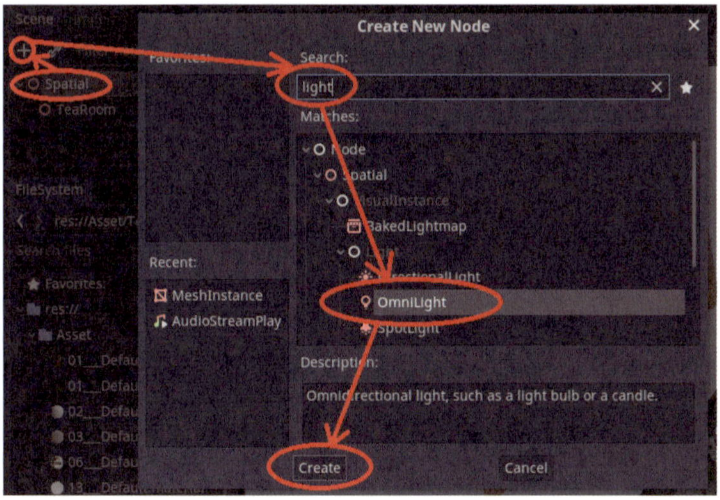

图 10-31

选择创建的泛光灯，使用移动工具可移动该灯，可以在 Inspector 面板中调节灯光颜色和亮度，如图 10-32 和图 10-33 所示。

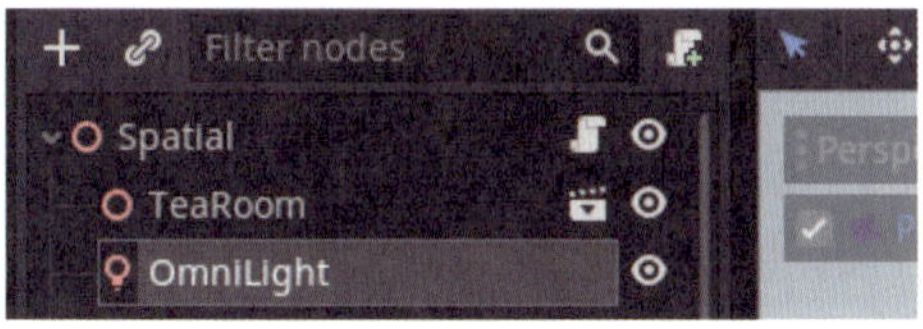

图 10-32

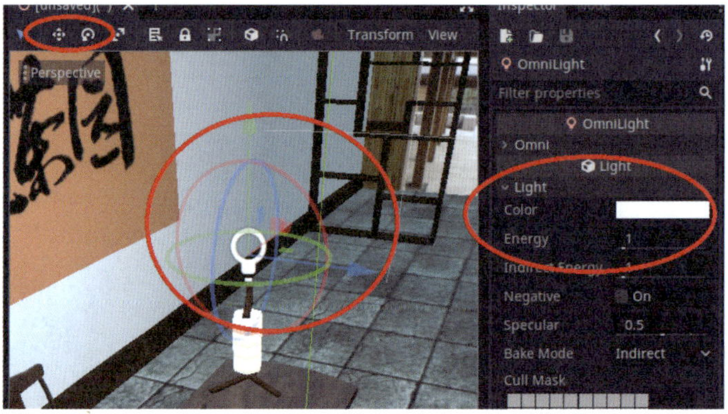

图 10-33

（6）创建摄像机。选择 Spatial 节点，单击上方“+”号，搜索 camera，在弹出的列表中选择 Camera，单击 Create 按钮创建一个摄像机，如图 10-34 所示。

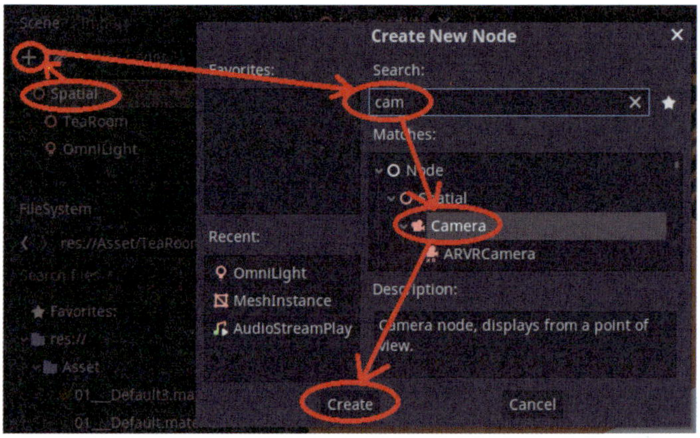

图 10-34

选择创建的 Camera（摄像机），用移动、旋转工具调节摄像机的位置和角度，勾选 Preview 复选框观察摄像机视图的效果，如图 10-35 所示。

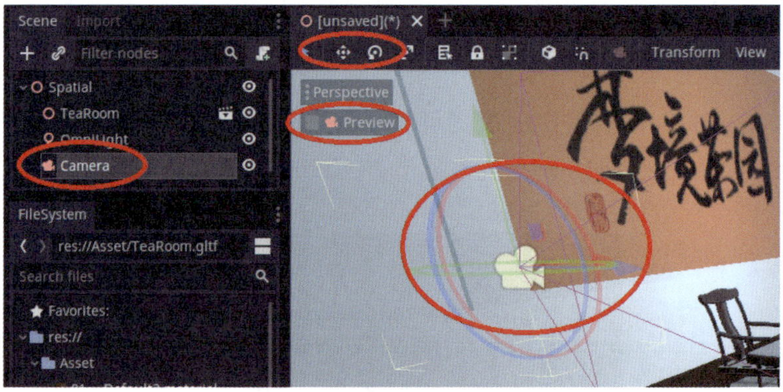

图 10-35

视角调至合适后，按“Ctrl+S”组合键或单击 Save 按钮保存 Spatial 场景，如图 10-36 所示。

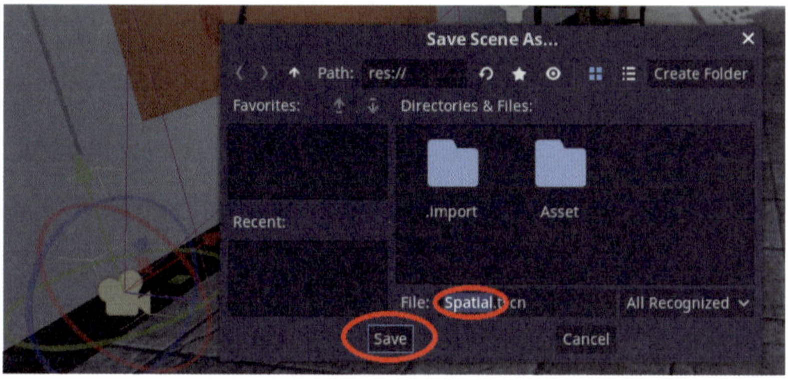

图 10-36

（7）设置相机操纵代码。

1）在 FileSystem 下右击根目录 res://，在弹出的快捷菜单中选择 Open In File Manager，弹出项目文件夹。

打开本书素材文件夹中的 TeaRoomScript 目录，将 Spatial.gd 脚本文件复制到项目文件夹下，如图 10-37 所示。

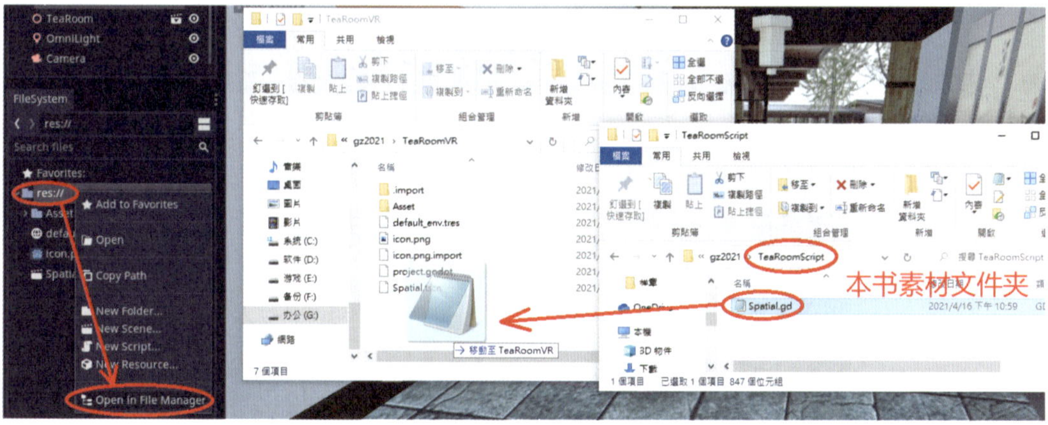

图 10-37

2）在 FileSystem 下将 Spatial.gd 拖曳到 Scene（场景管理）下的 Spatial 节点上，如图 10-38 所示。

（8）设置操控按键的映射。在菜单 Project 下单击 Project Settings 选项，在弹出的对话框里选择 Input Map 面板，在 Action 输入框中输入 fw，然后单击 Add 按钮，如图 10-39 所示，此时会在下方栏的最底部新增 fw 项。

选择下方栏最底部新增的 fw 项，单击其右边有“+”号，选择 Key，如图 10-40 所示。

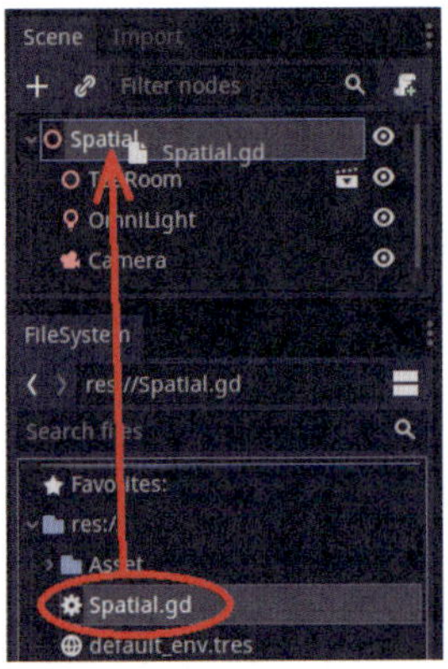

图 10-38

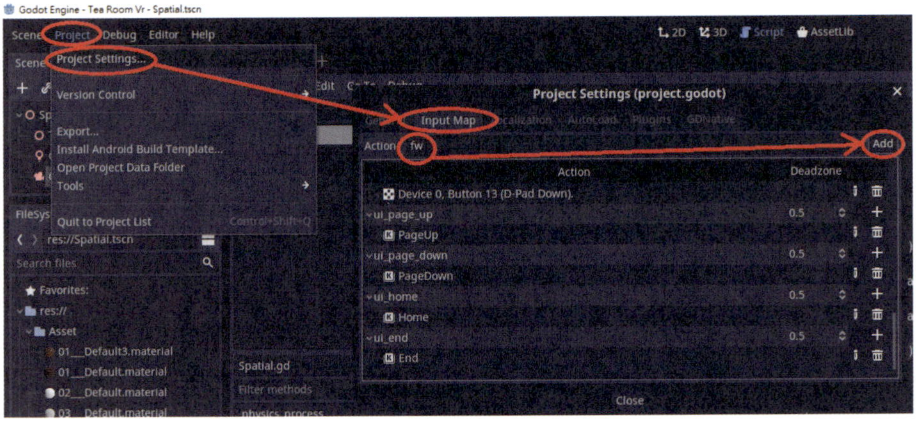

图 10-39

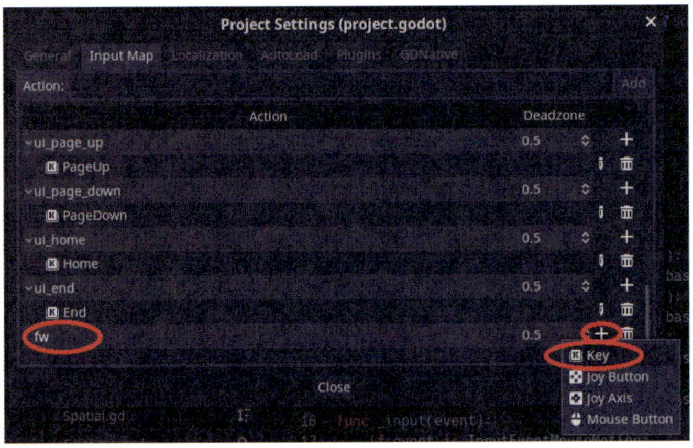

图 10-40

在弹出的对话框中，按 W 键，然后单击 OK 按钮，这样就完成了将 W 键映射到 fw 的设置，如图 10-41 所示。

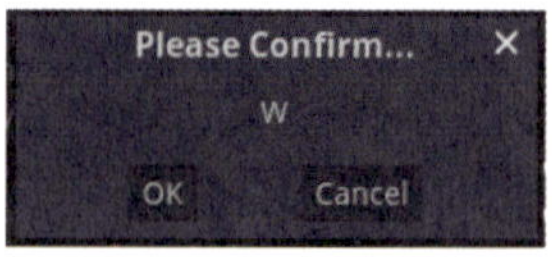

图 10-41

使用以上方法，添加 bk 映射 S 键、添加 l 映射 A 键、添加 r 映射 D 键，如图 10-42 所示。

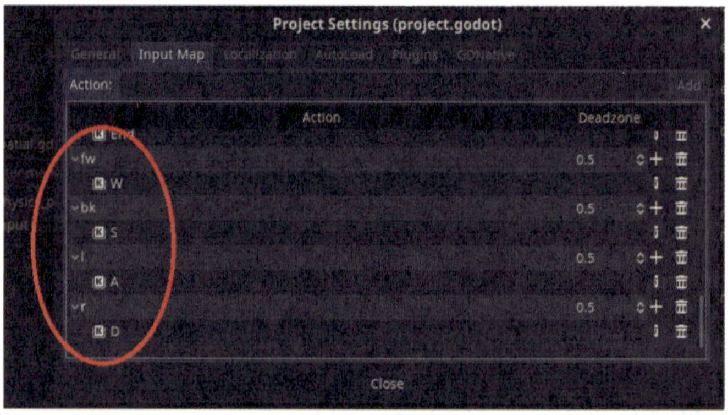

图 10-42

（9）运行调试。单击运行图标▶，在弹出的对话框中单击 Select 按钮，选择 Spatial.tscn 文件，将其设置为主场景，如图 10-43 和图 10-44 所示。

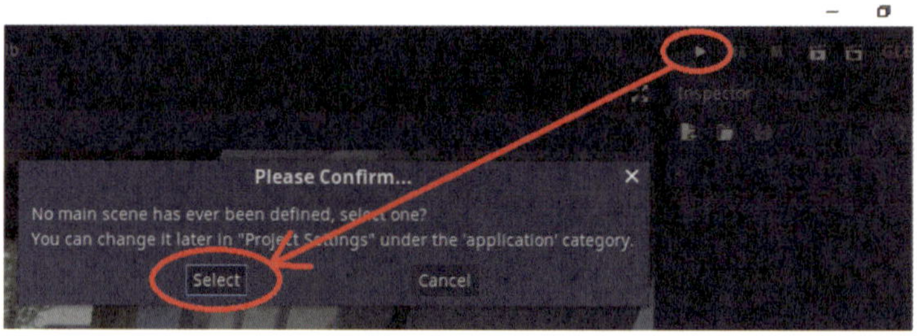

图 10-43

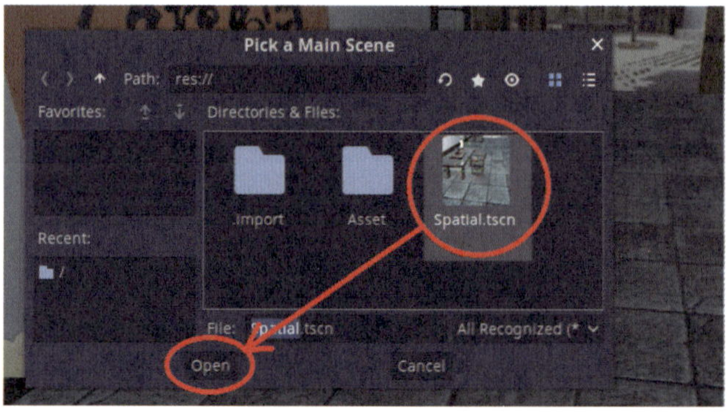

图 10-44

最大化调试窗口，用 W、S、A、D 键控制前后左右，移动鼠标转动视角，可浏览茶室，单击右上角“×”按钮关闭调试窗口，如图 10-45 所示。

图 10-45

（10）编译成可执行程序。在 Project 菜单下单击 Export，在弹出的对话框中单击 Add，在弹出的界面中选择 Windows Desktop，如图 10-46 所示。

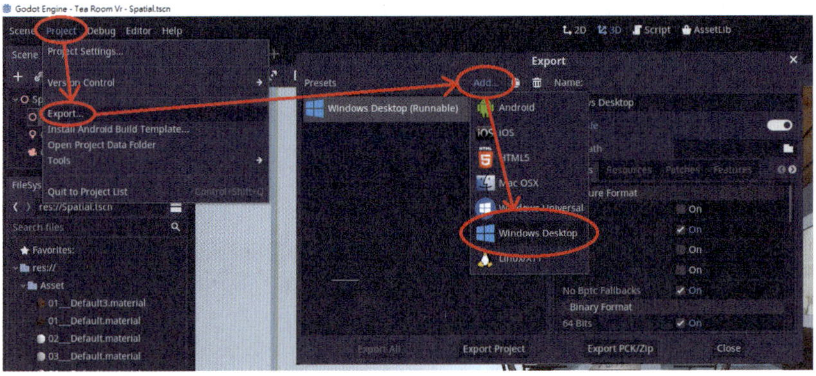

图 10-46

在 Export 面板中单击 Export Path，并在弹出的对话框中选择导出 exe 文件的保存路径，命名文件并单击 Save 按钮保存文件，如图 10-47 所示。

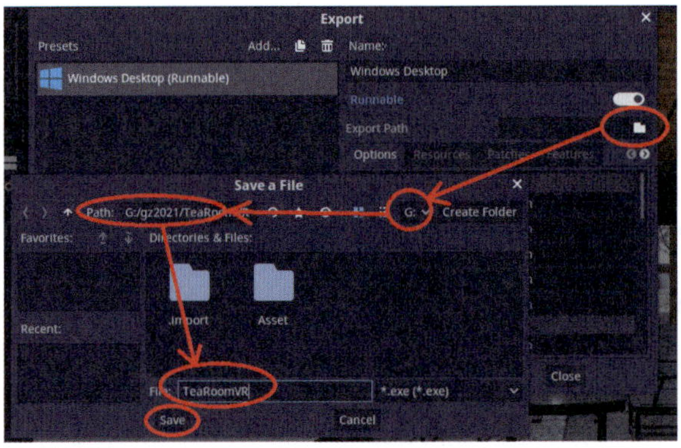

图 10-47

重新进入 Export 面板，单击 Export All 按钮，在弹出的界面中单击 Release 按钮导出项目，如图 10-48 所示。

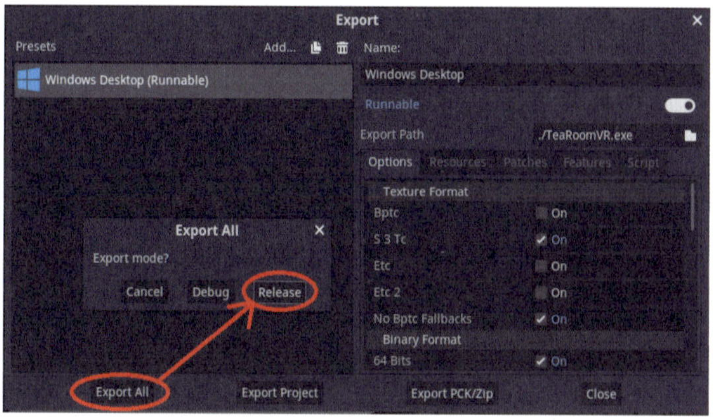

图 10-48

待进度条指示任务完成后，项目导出完成。图 10-49 所示为任务进行中。

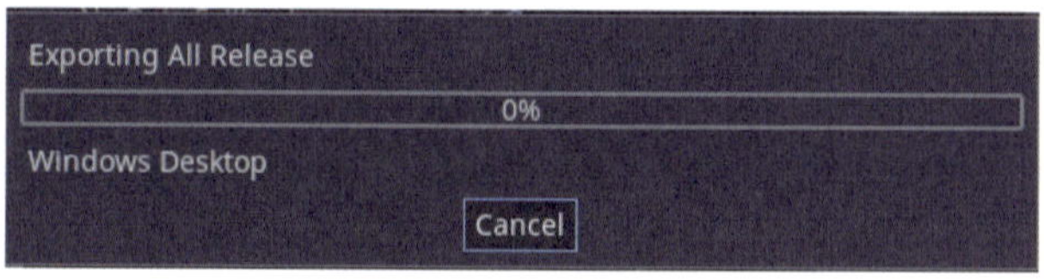

图 10-49

（11）运行 exe 文件。打开保存 exe 文件的目录，双击相应的 exe 文件运行，界面如图 10-50 所示，至此第一个虚拟现实交互茶室就完成了。

图 10-50

【任务拓展】

通过给 VR 茶室项目添加陈设、更换材质的练习，可以学习更多的 Blender 建模和处理纹理、材质等技术，在 Godot 中进行配置调试，可以进一步掌握 Godot 游戏引擎的使用要点。尝试创作如图 10-51 所示的“博古柜”实例。

虚拟现实制作流程

图 10-51

【思考与练习】

“博古柜”实例中使用的建模和材质工具与茶室模型使用的完全一样。创建虚拟现实场景的核心能力体现在对物体比例、风格协调、模型创建、材质贴图等软件操作方面均能熟练运用。在游戏引擎方面，FPS（Frame Per Second 也称 Frame Rate，翻译为帧速率）渲染需要考虑诸如纹理性能等方面的因素。在对象的交互功能上，需要在代码方面进行深入学习和实践，至少应学习一门程序语言并多加练习才能提升程序编写能力。因本书篇幅有限，对此不作更深入的讲解。

在平时的学习和创作中，读者可通过实例创作、观察他人项目设置、阅读官方文档及程序示例或他人编写的功能代码，并吸收优秀作品的重要创作元素，大胆尝试实现自身的创作诉求，达到所创作的作品的趣味和美感的进一步提升。

任务2 茶艺冲泡动画交互的可视化编程

【任务描述】

通过虚幻引擎蓝图进行交互控件设置，单击相应按钮触发将茶从茶壶倒入茶杯的动画。

【任务要求】

通过使用虚幻引擎蓝图功能，制作冲泡茶饮的动画交互。

【知识链接】

1. 虚幻引擎

虚幻引擎（Unreal Engine）简称 UE，是由 Epic Games 公司推出的一款游戏开发引擎，具备开源、实时 3D 创作等功能。虚幻引擎不仅全能、高效，通过它还能直接预览开发效果，赋予开发者更强的创作能力。

2. 编辑器基础

虚幻引擎项目（Project）拥有构成游戏所需要的所有内容和代码。在计算机硬盘上，项目由许多目录构成（例如：蓝图、材质等），我们可以自由地修改项目目录的名称和层级关系。

在虚幻引擎中，虚幻编辑器中的内容浏览器所展示的目录结构和创作者在硬盘上看到的项目目录结构相同，内容浏览器面板会镜像显示磁盘上的项目目录结构，如图 10-52 所示。

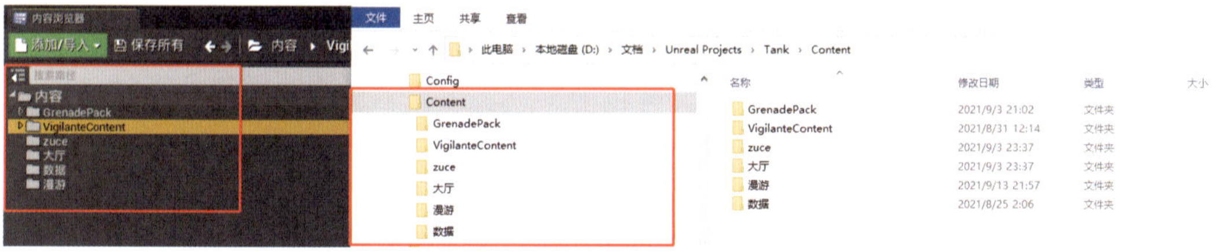

图 10-52

每个 .uproject 文件都有一个与之对应的项目。.uproject 文件是创建、打开或保存项目必须用到的文件。我们可以操作它们并同时创建任何数量的不同项目。

在虚幻编辑器中，创建游戏体验所在的场景一般称为“关卡”。你可以把关卡想像成一个三维世界，在该世界中你可以放置很多对象和几何体来定义玩家将要体验的世界，放置到世界中的任何对象都称为 Actor，无论该对象是一个网格物体、光源还是一个角色。通俗来讲，Actor 是虚幻引擎中使用的一个编程类，用于定义一个具有三维位置、旋转度及缩放比例的对象。可以把 Actor 理解成任何可以被放置到关卡中的对象。

3. 编辑器视口

虚幻编辑器视口（简称视口），是使用者在虚幻引擎中观察所创建的世界的窗口。角色可以像在游戏中进行活动那样在视口中活动，也可以像观察建筑蓝图那样通过视口来观察设计示意图。虚幻编辑器视口包含各种工具（包括可视化工具），能帮助我们精准查看所需的数据，如图 10-53 所示。

图 10-53

4. 编辑器模式

通过模式（Modes）面板可对特定任务更改关卡编辑器的主要行为，例如，在场景中移动、变换某个资产，雕刻地形，生成植被，创建几何笔刷，在网格体上进行绘制等。Modes 面板包含一组工具，这些工具可根据所选择的编辑模式而进行调整，如图 10-54 所示。

图 10-54

5. Actor 和几何体

创建关卡可以看作在虚幻编辑器中向场景中放置对象。这些对象可能是世界几何体，以画刷形式出现的光源、武器、装饰物、玩家起点、静态网格物体或载具，如图 10-55 所示。什么时候添加哪些对象通常是由关卡设计团队确定的特定工作流程规定的。

图 10-55

6. 内容浏览器

内容浏览器（Content Browser）是虚幻编辑器的主要区域，用于在虚幻编辑器中组织、导入、创建、查看及修改内容资产（内容资产指虚幻引擎配有的商城资源，如模型、贴图素材、游戏 Demo 等）。它还提供了管理文件夹和对资产执行其他操作（例如，重命名、移动、复制、查看、引用）的功能。内容浏览器可以搜索游戏中的所有资产并与其进行交互。内容浏览器的界面如图 10-56 所示。

图 10-56

7. 材质和着色

材质（Material）是应用于网格体从而控制场景视觉效果的资产。通常来说，可以把材质看成对象表面上的“颜料”。材质定义了对象表面的感官效果及对象的类型。可以用材质定义对象的颜色、光泽度、透明度等，如图 10-57 所示。

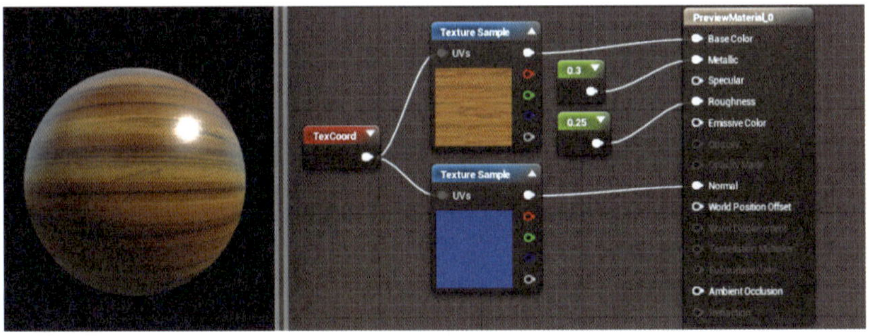

图 10-57

从更专业的角度来讲，当场景中的光源照射到对象表面时，材质被用来计算该光源将如何与该表面相互作用。在计算过程中，会用到各种输入数据，这些数据来自各种图像（纹理）和数学表达式，此外还会用到材质自身的属性设置。

虚幻引擎采用基于物理的着色模型。这意味着，与其任意使用属性［例如，漫射颜色（Diffuse Color）及高光强度（Specular Power）］来定义材质，不如使用更容易与现实世界场景关联的属性，这些属性包括基础颜色（Base Color）、金属感（Metallic）、高光度（Specular）和粗糙度（Roughness）等。

8. 蓝图简介

虚幻引擎中的“蓝图可视化脚本系统”（也简称蓝图）是一个完整的游戏脚本系统，

其理念是，在虚幻编辑器中，使用基于节点的界面创建游戏可玩性元素。和其他一些常见的脚本语言一样，蓝图也需要通过定义在引擎中的面向对象的类或者对象来使用。在使用虚幻引擎的过程中，经常会遇到在蓝图中定义的对象，并且这类对象常常被直接称为“蓝图（Blueprint）”。

蓝图可视化脚本系统非常灵活且功能非常强大，它为设计人员提供了一般仅供程序员使用的所有概念及工具。另外，在虚幻引擎的 C++ 实现上也为程序员提供了用于蓝图功能的语法标记，通过这些标记，程序员能够很方便地创建一个基础系统，并将其交给策划，使策划者进一步在蓝图中对这样的系统进行扩展。

9. 蓝图的用法

通俗来说，蓝图是 UE4 游戏引擎的可视化脚本。使用引线连接节点、事件、函数和变量后即可创建复杂的游戏性元素。

蓝图使用节点图表来达到蓝图每个实例特有的诸多目的（如目标构建、个体函数以及通用 Gameplay 事件），以便实现设定的行为和其他功能。

10. 蓝图类

蓝图类是创建门、开关、可收集物品、可摧毁场景等交互资源的理想类。在图 10-58 中，黄色按钮和门组合为单独的不同蓝图，其中必需包含脚本，以响应玩家覆盖事件，使其拥有动画、播放音效、改变材质（如按下按钮后其将变亮）等功能。

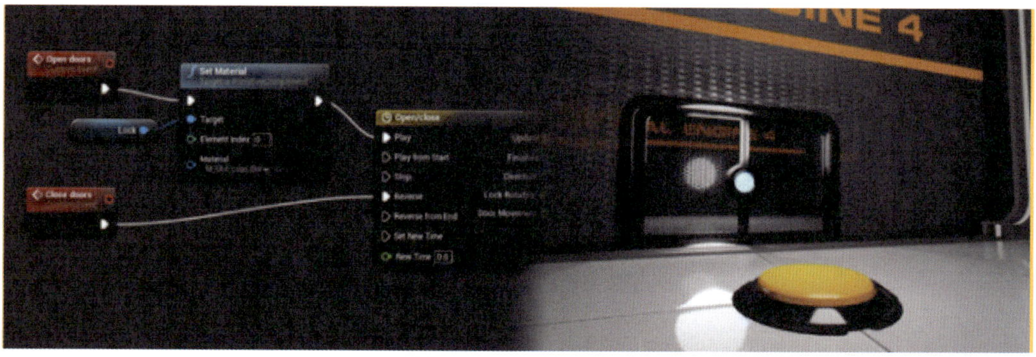

图 10-58

在门和按钮需要发生交互的情况下，按下按钮将触发门蓝图类中的事件，门因此开启（其他类型的蓝图或关卡蓝图序列同样可轻易触发门的事件）。因蓝图的自含性质，将其拖入关卡中便可构建蓝图，进行最小设置后即能生效。这也意味着对项目中使用的蓝图进行编辑后，该项目的所有实例均会更新。

11. 光照

场景的光照效果通常由光源 Actor 实现。作为光源，光源 Actor 包含多种属性，可用于确定光照的各种效果，例如，光照的亮度、光的颜色等，如图 10-59 所示。

图 10-59

不同光源以不同方式发射光线。比如，普通的电灯泡会向四面八方发射光线，在虚幻引擎中，这类光源被为点光源。在其他一些情况下，人们会用物理手段为光线增添一些限定，比如把灯泡的背面做成不透明材料，例如，探照灯，这类光源被称为聚光源。至于室外的日光，由于太阳十分遥远，感觉上日光更像是来自同一个方向，而非某个具体位置，要模拟这类光源，可以使用定向光源。图 10-60 所示为上述几类光源的示意。

图 10-60

12. 蓝图编辑器和图表

构建关卡蓝图或蓝图类时，需要使用蓝图编辑器中集成的蓝图元素，如图 10-61 所示。

图 10-61

13. 在编辑器中进行测试（运行与模拟）

虚幻编辑器允许用户在关卡中的任何位置生成玩家，并且无需保存文件即可在编辑器中预览游戏。编辑器有两种预览模式：①在编辑器中运行（Play In Editor，PIE）模式，该模式可以通过主工具栏的“运行”按钮直接启用；②模拟（Simnlate In Editor，SIE）模式，该模式可以通过“运行”下拉菜单启用。编辑器的内部预览系统支持在 PIE 和 SIE 会话窗口之间切换，以便在快速迭代游戏逻辑和游戏资产的同时，查看游戏的变化效果。启用主工具栏的运行按钮 Play 如图 10-62 所示。

图 10-62

当使用游戏编辑器快速创建一个关卡的副本时，我们可以使用保持模拟修改命令保存所进行的修改，回到该编辑器内的关卡版本中，这个关卡副本可以保持编辑器中的世界版本安全且不受干扰。

游戏预览包括关卡动态载入，World Outliner（世界大纲视图）将会相应地进行更新，以便可以选择及编辑游戏动态载入的 Actor。另外，当开始使用 PIE 模式或 SIE 模式测试游戏时，所选中的任何 Actor 都将仍然处于被选中状态；反过来也是成立的。所以在编辑器中进行测试时，在结束测试会话后，选中的任何 Actor 将仍然处于被选中状态。这意味着即使在关卡中很远的地方玩游戏，但是“细节”面板将仍然显示选中的 Actor 的属性，除非改变它的外观或行为。图 10-63 所示为属性面板界面，可在此实现材质、灯光等的参数调节。

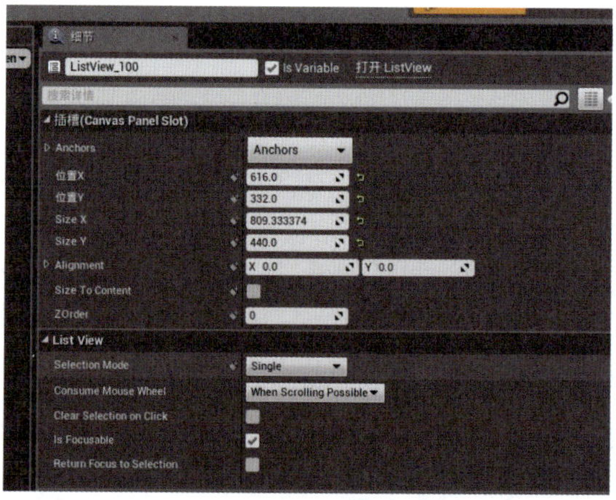

图 10-63

【任务实施】

实现茶艺冲泡动画交互的步骤如下所述。

（1）在内容浏览器中创建文件夹并将其命名为“茶艺”，并在里面创建 3 个文件夹，分别为 Map、素材、蓝图，如图 10-64 所示。

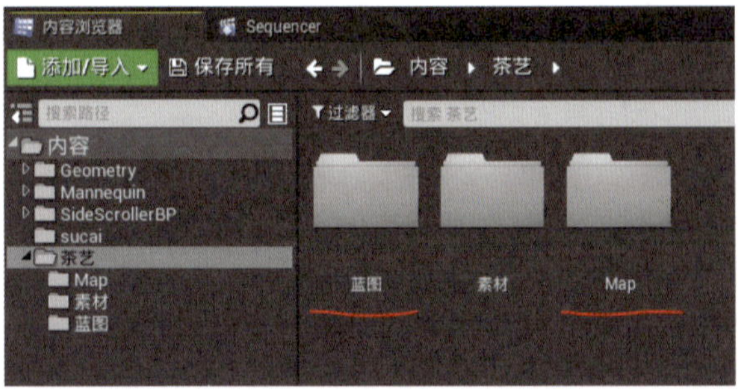

图 10-64

（2）在 Map 文件夹中创建一个关卡并将其命名为“茶”，打开该关卡，如图 10-65 所示。

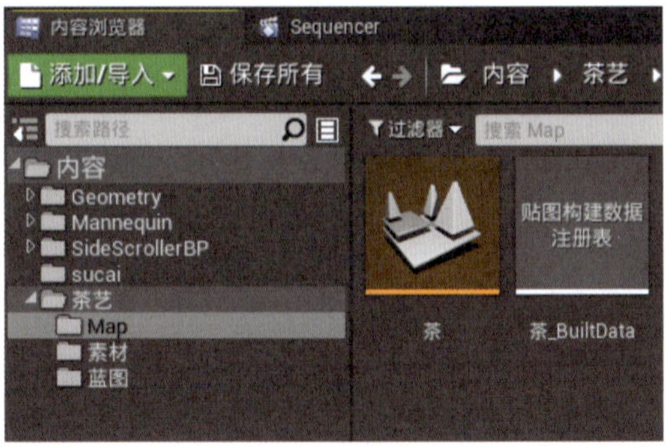

图 10-65

（3）在界面左上角“放置 actor”一栏中搜索 bp，找到 BP_Sky_Sphere，将其拖入场景中，在界面右侧“世界大纲视图”面板中单击 BP_Sky_Sphere，在下方“细节”面板中的“变换”区域将其位置归零，如图 10-66 所示。

图 10-66

（4）将准备好的素材导入“素材”文件夹，如图 10-67 所示。

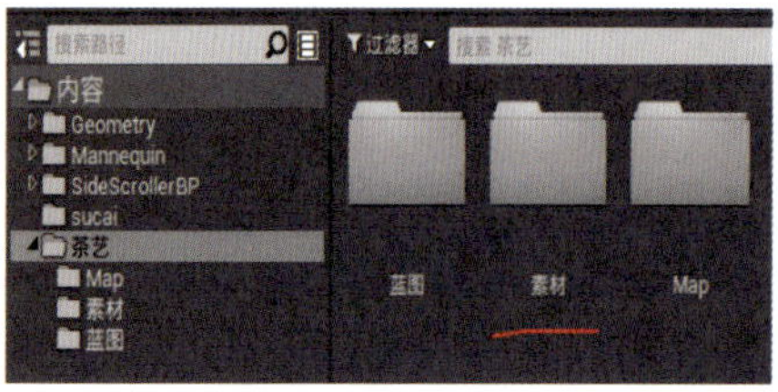

（a）

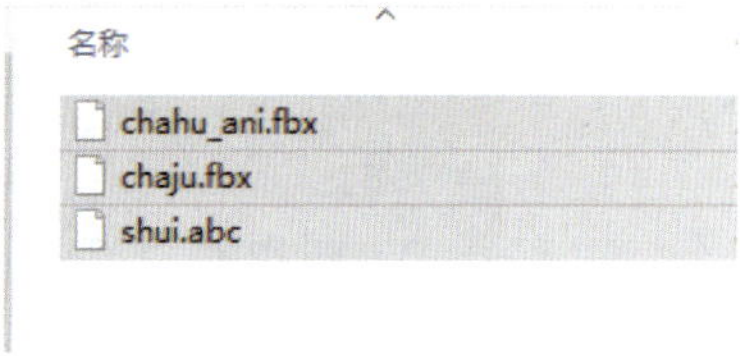

（b）

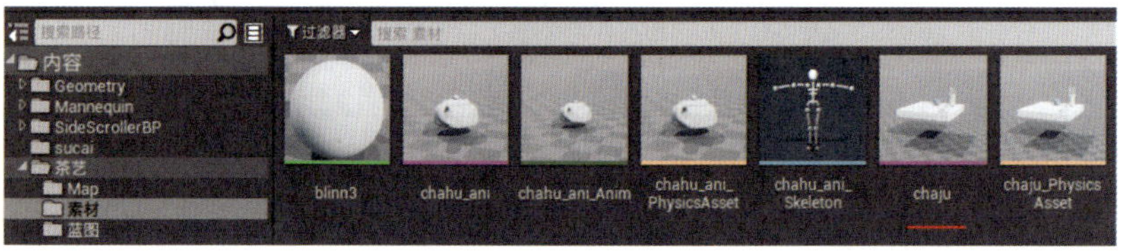

（c）

图 10-67

（5）将导入的素材拖入场景，在界面左侧菜单栏中找到“定向光源”，将其拖入场景，并在界面右侧“世界大纲视图”中将上述导入的素材（定向光源）位置归零，如图 10-68 所示。

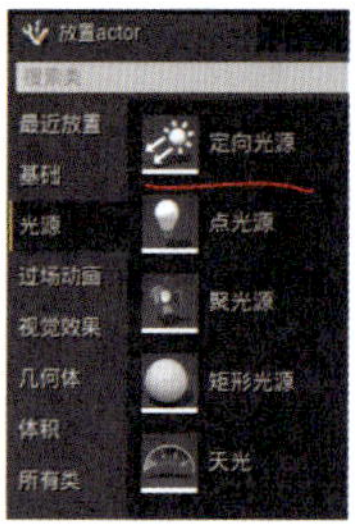

（a）

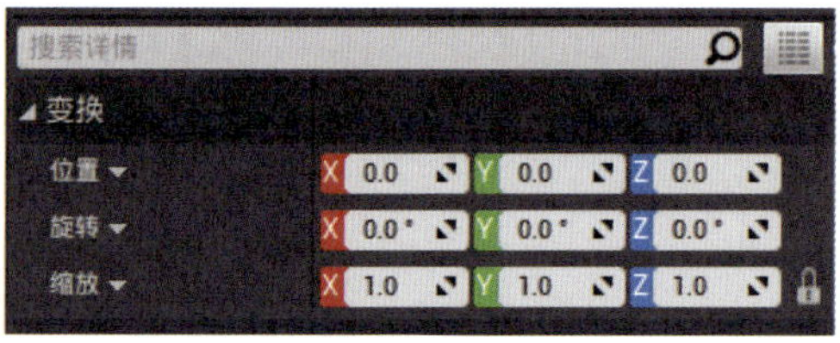

（b）

图 10-68

（6）新建一个材质并将其命名为“茶杯”，把它拖入元素 2 所在位置，如图 10-69 所示。

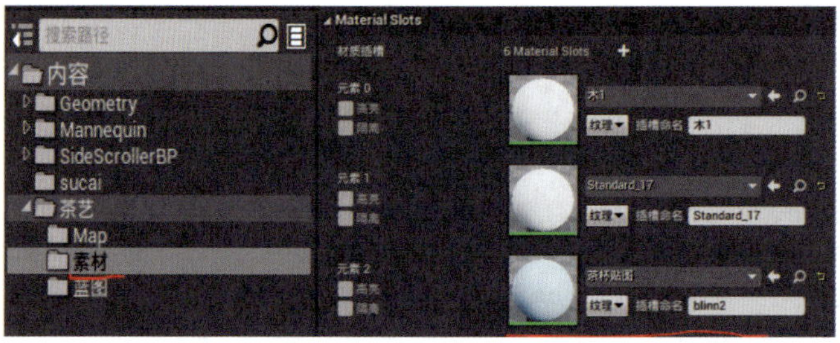

图 10-69

（7）双击新建的材质，修改参数，让茶杯看起来是一个用透明材质做成的杯子，如图 10-70 所示。

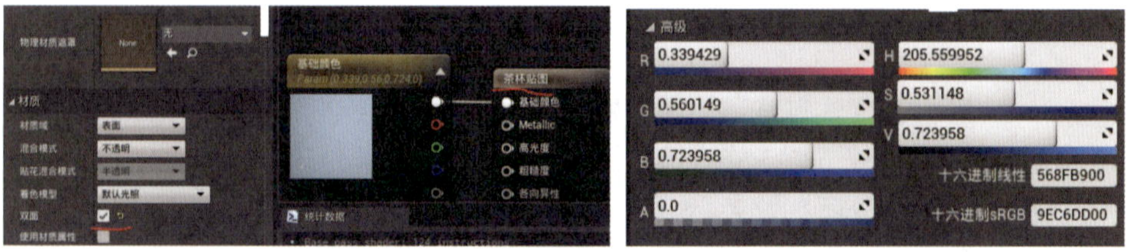

（a）　　　　　　　　　　（b）

图 10-70

（8）在内容浏览器新建一个 sucai 文件夹，如图 10-71 所示。

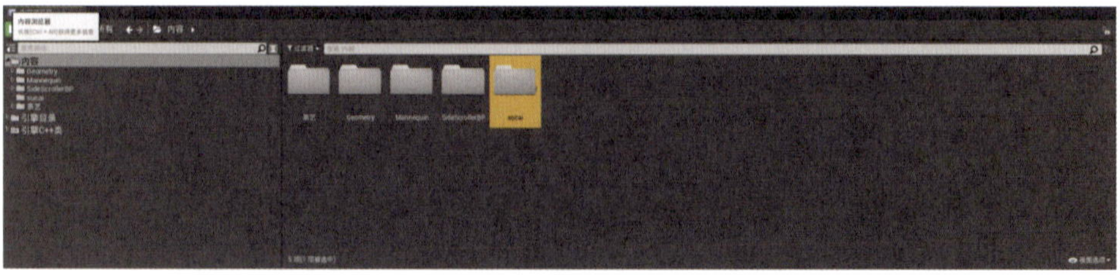

图 10-71

（9）右击新建的文件夹，在弹出的界面中选择“在浏览器中显示”，如图 10-72 所示。

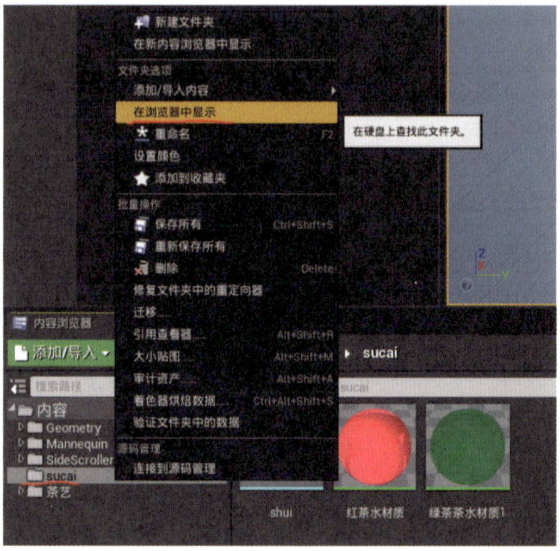

图 10-72

（10）接下来将已经准备好的素材复制到 sucai 文件夹中，如图 10-73 所示。

图 10-73

（11）导入 Alembic 文件，调整相关参数，如图 10-74 所示。

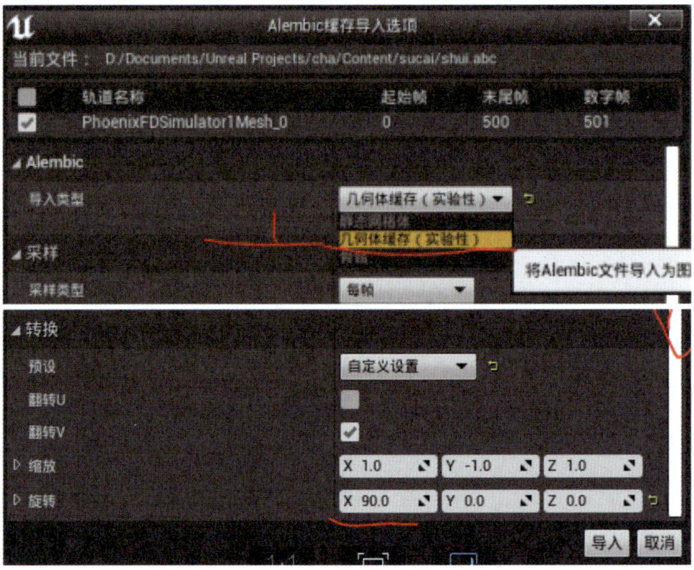

图 10-74

（12）在蓝图文件夹中右击，新建一个 actor 并将其命名为“茶”，即新建了一个“茶”蓝图，如图 10-75 所示。

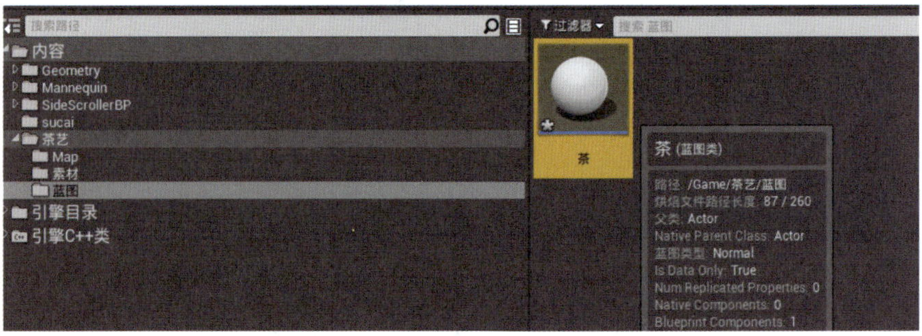

图 10-75

（13）双击创建好的“茶”蓝图，单击“添加组件”，在弹出的界面中找到“骨骼网格体组件”，如图 10-76 所示。

图 10-76

（14）选中“骨骼网格体组件”，在右侧弹出的“细节”面板中找到“网格体”中的“骨骼网格体”，选择 chaju，如图 10-77 所示。

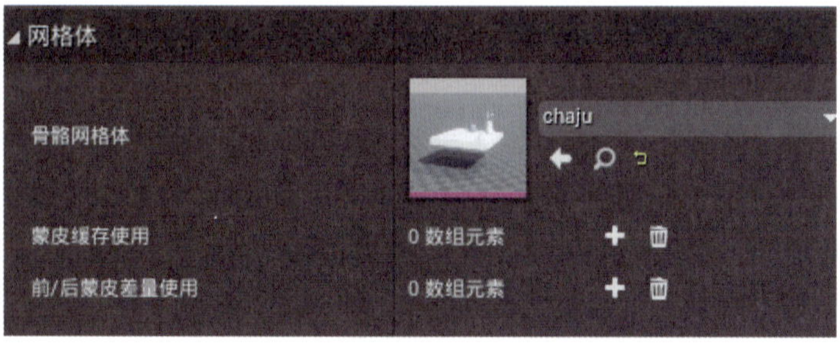

图 10-77

（15）单击“添加组件”，在弹出的界面中输入“几何体”，选择“几何体缓存组件”，如图 10-78 所示。

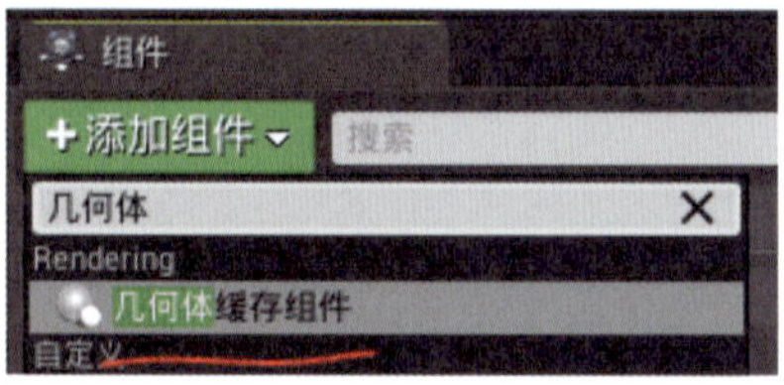

图 10-78

（16）选中“几何体缓存组件”后，在弹出的“几何体缓存”细节面板中选择已经准备好的缓存组件，如图 10-79 所示。

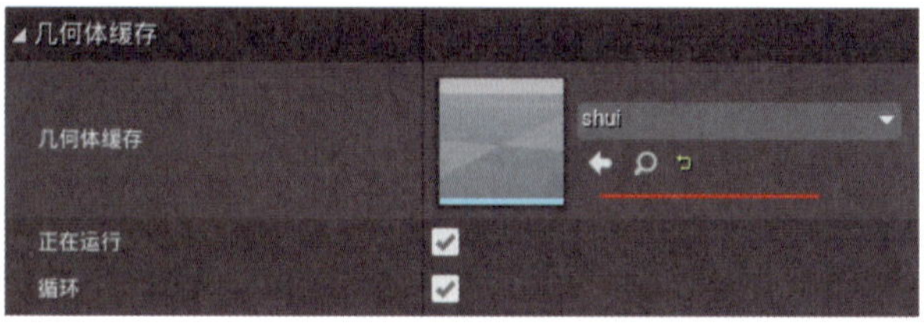

图 10-79

（17）使用蓝图功能，右击创建一个自定义事件，将其命名为“开始泡茶”，如图 10-80 所示。

图 10-80

（18）将新建的缓存组件拖入蓝图中，开始设置交互功能的连线，如图 10-81 所示。

（19）左键按住蓝色的小圆圈，拖拽出细线松开，输入“缓存”（进行关键词搜索）。这里需要 3 个节点：播放、从头播放、停止。使用前述步骤将这 3 个节点取出，如图 10-82 所示。

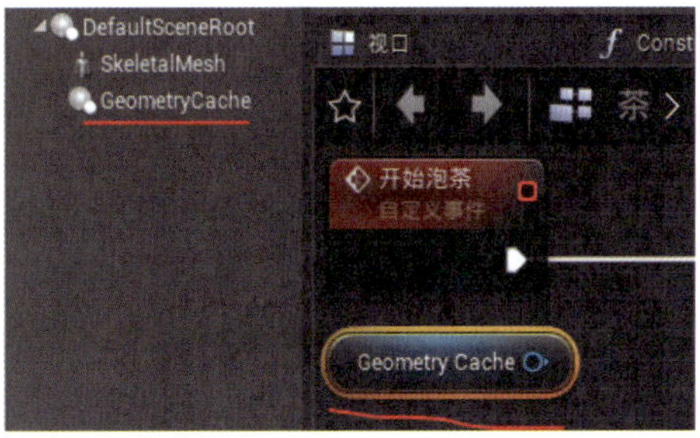

图 10-81

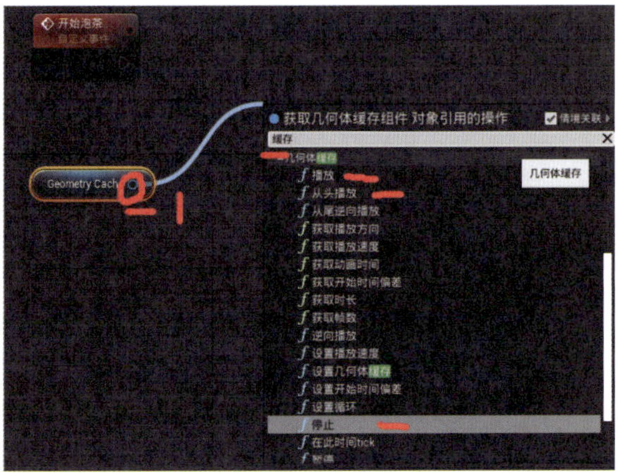

图 10-82

（20）新建一个布尔值变量，将其命名为“泡茶开始”，将它拖入蓝图中，如图 10-83 所示。

（a） （b）

图 10-83

（21）选择“开始泡茶”，按 B 键并在空白处单击获得分支节点，将各节点模块进行连接，如图 10-84 所示。

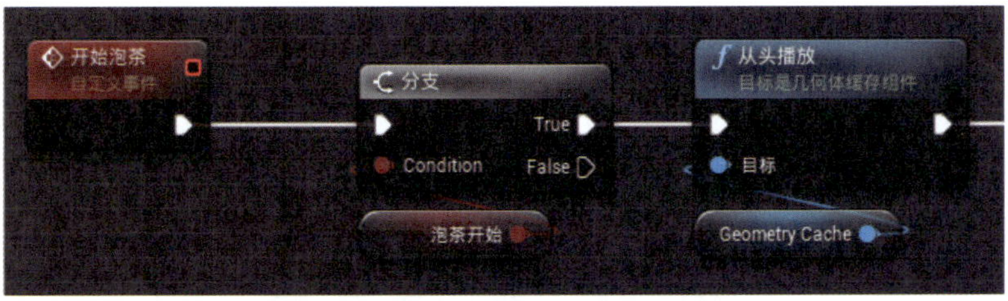

图 10-84

（22）再添加一个骨骼网格体组件，将它命名为“茶壶”，如图 10-85 所示。

（23）选中“茶壶”，在右侧的“细节”面板中将动画模式修改成“使用动画资产”并选择已经导入的动画资产，如图 10-86 所示。

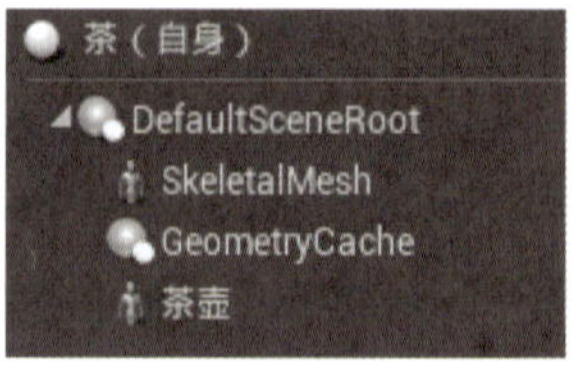

图 10-85

图 10-86

（24）将“茶壶”网格体组件拖入蓝图，这里需要 3 个节点：播放、停止、设置位置，如图 10-87 所示。

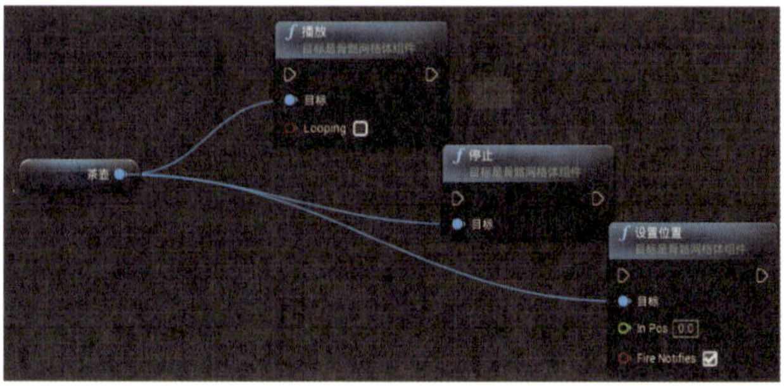

（a）

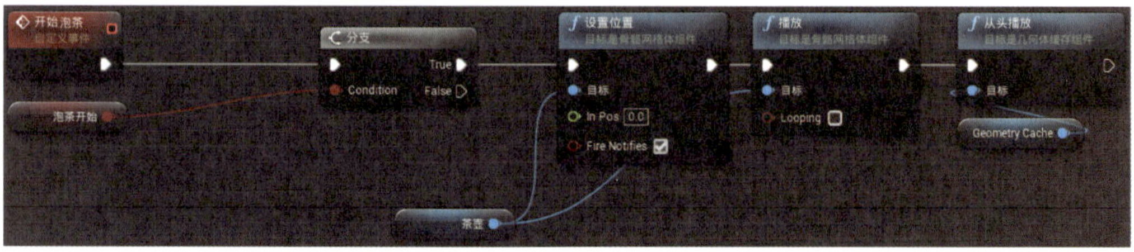

（b）

图 10-87

（25）在蓝图工作界面的空白处右击，在弹出的界面中输入“事件”，在弹出的列表中找到事件，开始运行时将各节点按照图 10-88 所示进行连接。

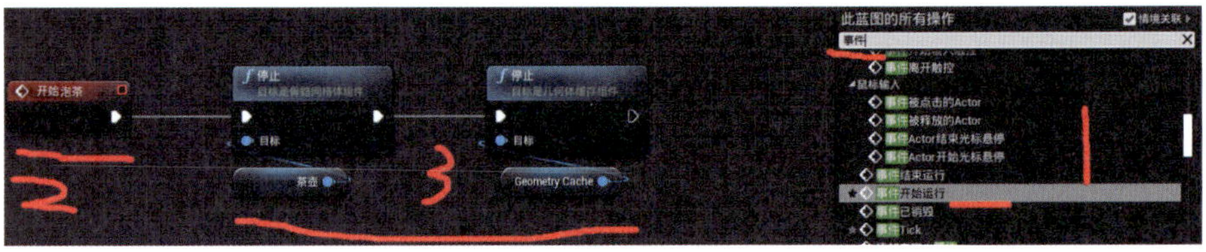

图 10-88

（26）回到软件主界面，将编辑好的蓝图“茶”拖入场景并将其位置归零。新建一个Pawn 蓝图并将其命名为“摄像机”，如图 10-89 所示。

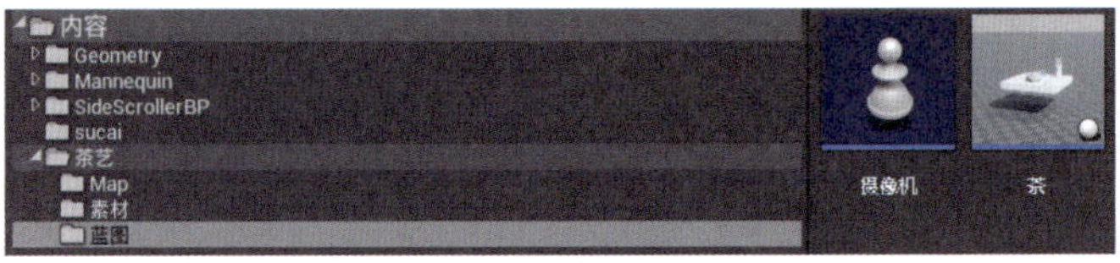

图 10-89

（27）双击“摄像机”蓝图，在“添加组件”菜单栏中找到需要的“弹簧臂组件”（SpringArm）和“摄像机组件”（Camera），将“摄像机组件”放置在“弹簧臂组件”里面，如图 10-90 所示。

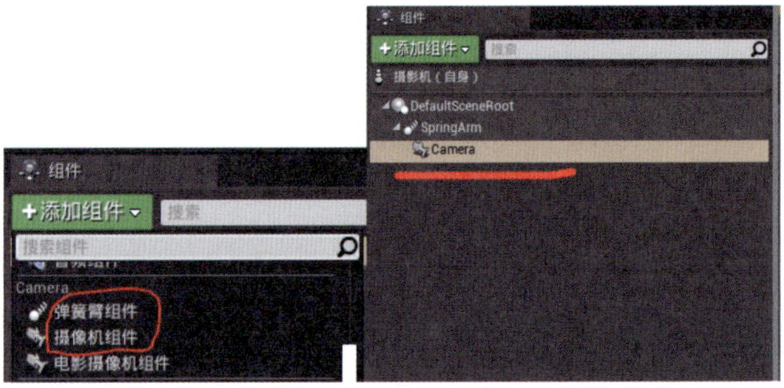

图 10-90

（28）选中 SpringArm，调整右侧“细节”面板中摄像机的参数，如图 10-91 所示。

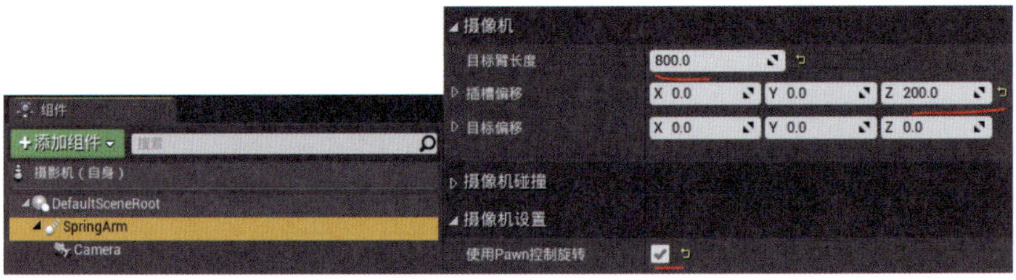

图 10-91

（29）回到软件主界面，将“摄像机”蓝图拖入场景中，再调节摄像机位置，如图 10-92 所示。

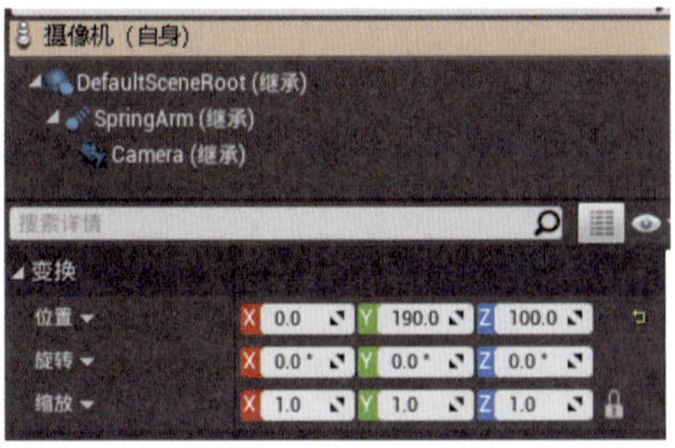

图 10-92

（30）创建玩家控制器和游戏模式，分别将其命名为“泡茶控制器”和“泡茶模式”，如图 10-93 所示。

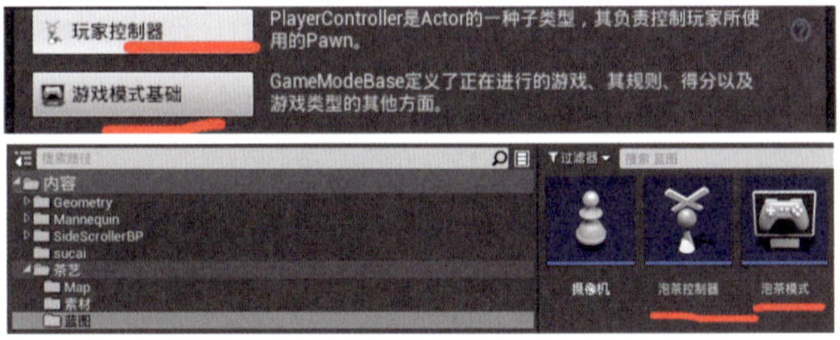

图 10-93

（31）打开“世界场景设置”，在“泡菜模式”中进行参数的调整，如图 10-94 所示。

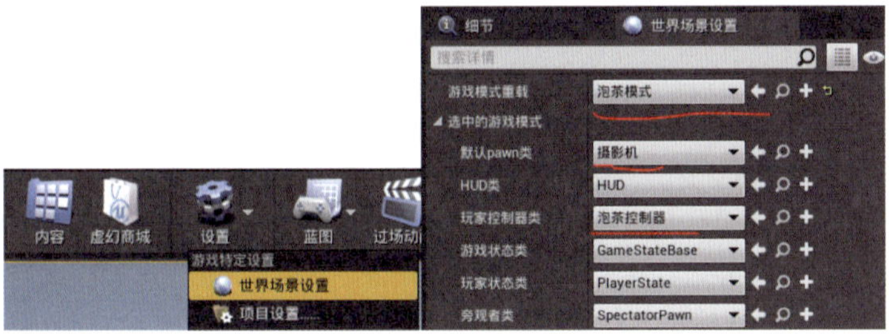

图 10-94

（32）在设置菜单栏中选择“项目设置”，输入一些按键操作。在“轴映射”界面创建两个事件：左右视角由鼠标 X 轴控制，上下视角由鼠标 Y 轴控制。具体设置如图 10-95 所示。

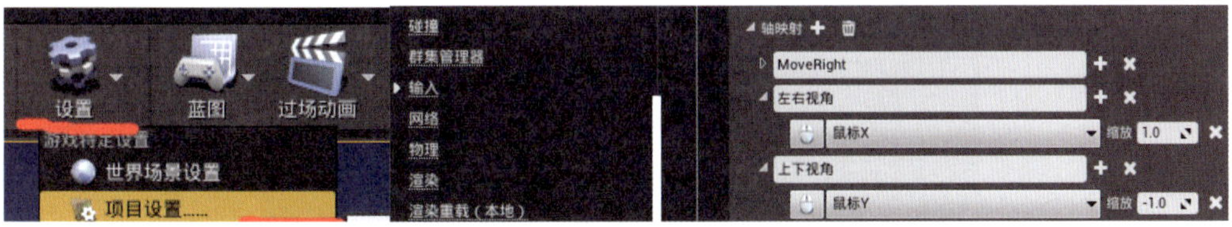

图 10-95

（33）回到“摄像机”蓝图，把（32）中新创建的两个事件调出来，如图 10-96 所示。

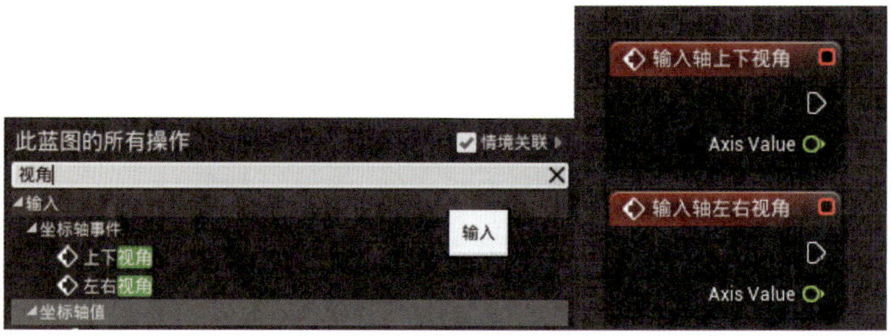

图 10-96

（34）将控制器的输入节点调出来，将对应事件进行连接，如图 10-97 所示。

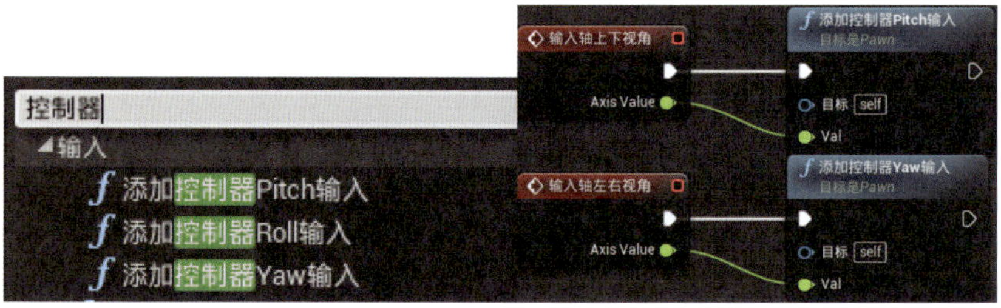

图 10-97

（35）选中 SpringArm，在右侧“细节”面板中勾选“使用 Pawn 控制旋转”复选框，再选中 Camera，在右侧“细节”面板中勾选“使用 Pawn 控制旋转”复选框，如图 10-98 所示。

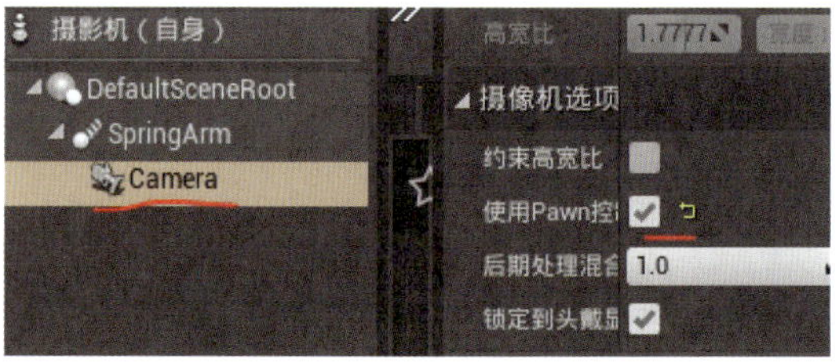

图 10-98

（36）将“玩家出生点”拖入场景并调整其位置，如图 10-99 所示。

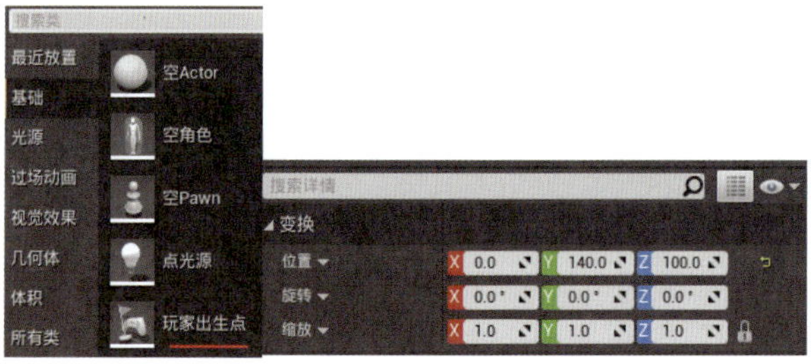

图 10-99

（37）经过上述多个步骤，茶器、茶桌等元素已经制作完成，如图 10-100 所示。

图 10-100

（38）创建一个控件蓝图，将其命名为“制茶按钮”，如图 10-101 所示。

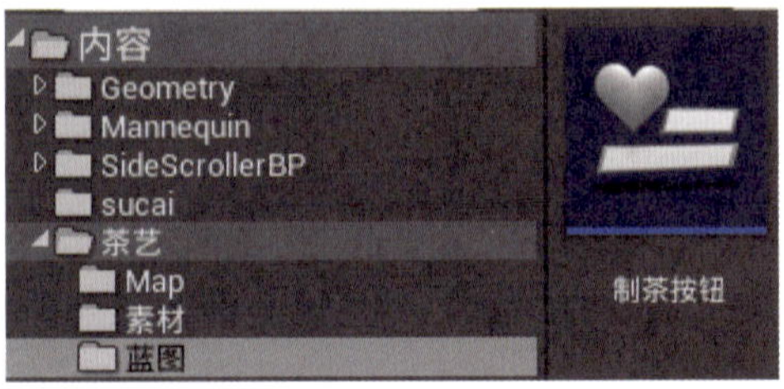

图 10-101

（39）打开（38）中创建的控件蓝图，新建两个按钮，分别命名为“红茶”和“绿茶”。将“文本”控制拖入两个按钮里面，并在右侧“细节”面板中对两个“文本”进行命名，如图 10-102 所示。

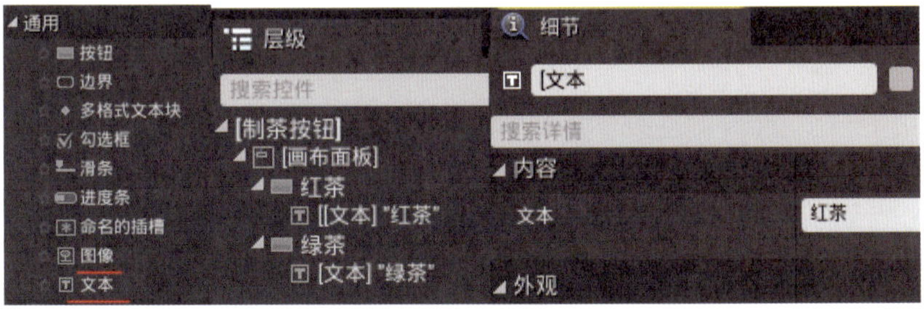

图 10-102

（40）简单地调整两个按钮的位置，按照自己的喜好将相关参数调整到合适的数值即可，如图 10-103 所示。

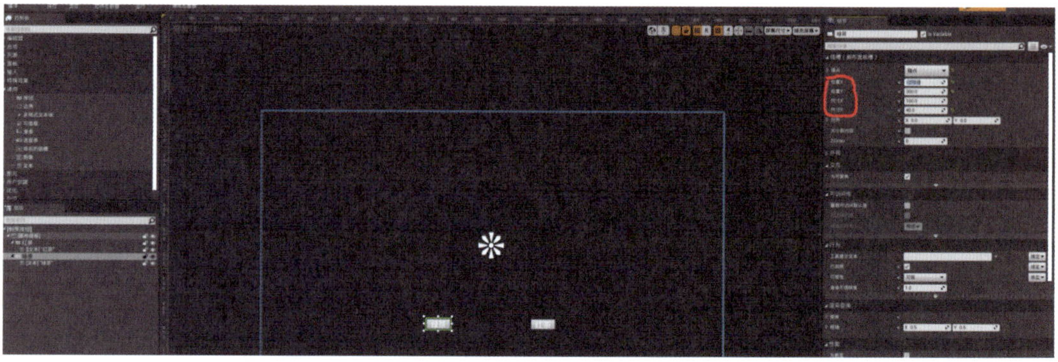

图 10-103

（41）单击界面右上角的“图表”按钮，进入控件的事件图表，如图 10-104 所示。

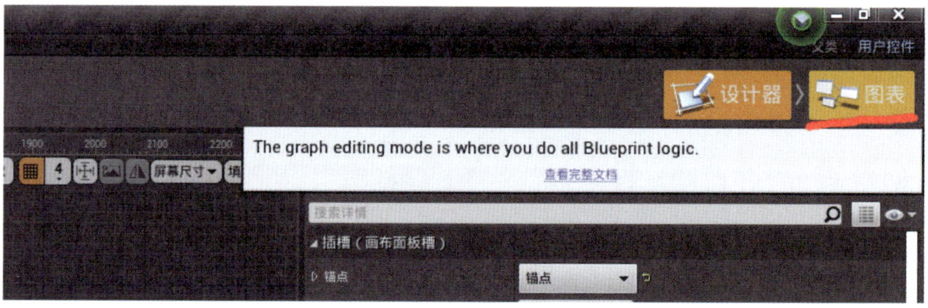

图 10-104

（42）单击图 10-104 中的画线区域，弹出如图 10-105 所示的界面。

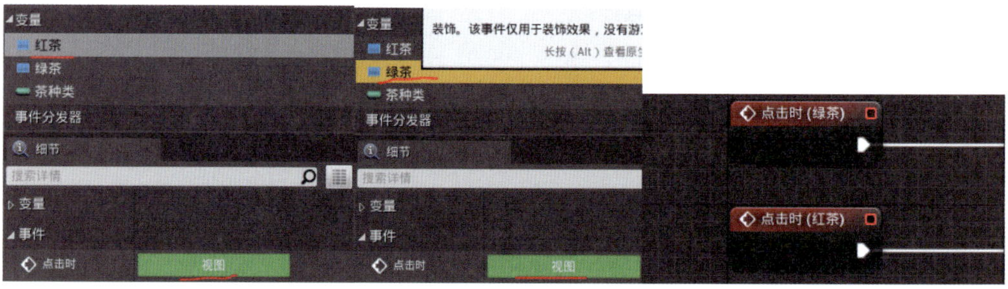

图 10-105

（43）回到“茶”蓝图，新建两个文本变量，命名为“红茶”和“绿茶”，如图 10-106 所示。

图 10-106

（44）创建一个自定义事件并将其命名为“更换茶种类”，如图 10-107 所示。

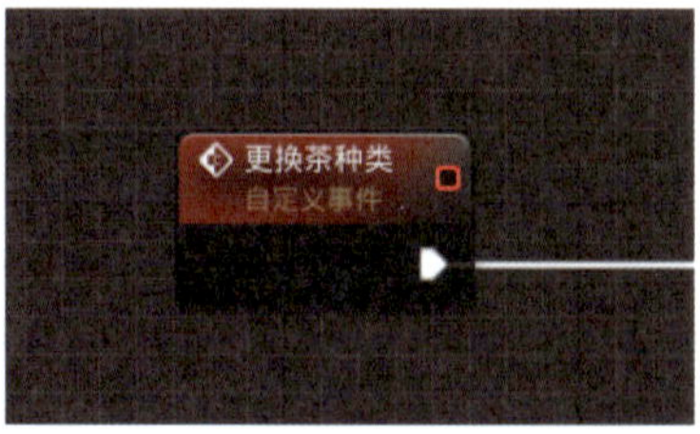

图 10-107

（45）回到“制茶按钮”控件蓝图，新建一个变量并将其命名为“茶种类”，如图 10-108 所示。

图 10-108

（46）将“茶种类”变量拖入蓝图，对它进行设置，当单击“红茶”按钮时茶种类的值为 2，当单击“绿茶”按钮时茶种类的值为 1，如图 10-109 所示。

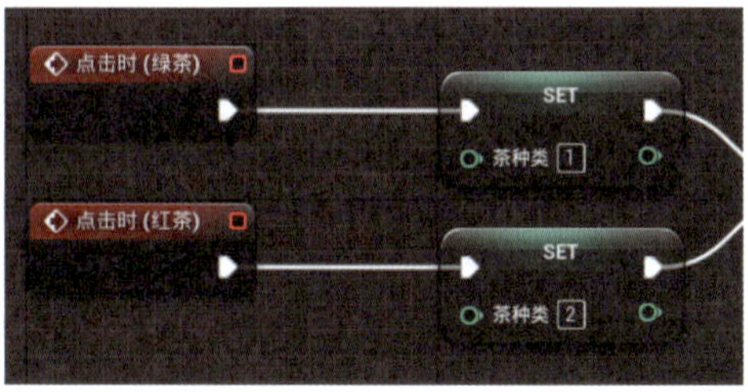

图 10-109

（47）回到“茶”蓝图，对“绿茶”和“红茶”两个变量的默认值进行修改，“绿茶”变量为“绿茶”，“红茶”变量为“红茶”，如图 10-110 所示。

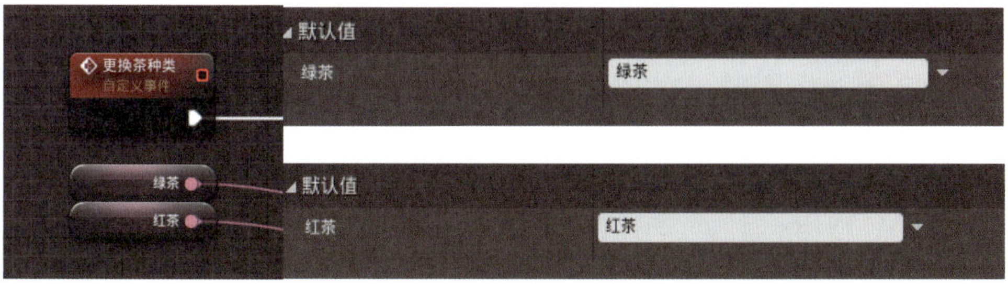

图 10-110

（48）调用选择节点，将“绿茶”和“红茶”两个变量进行排列，如图 10-111 所示。

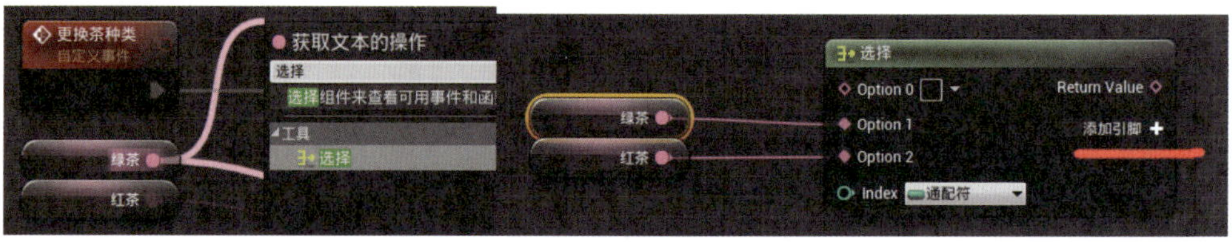

图 10-111

（49）用“获取玩家控制器”来创建制茶按钮控件，并将它连到“事件开始运行”事件，如图 10-112 所示。

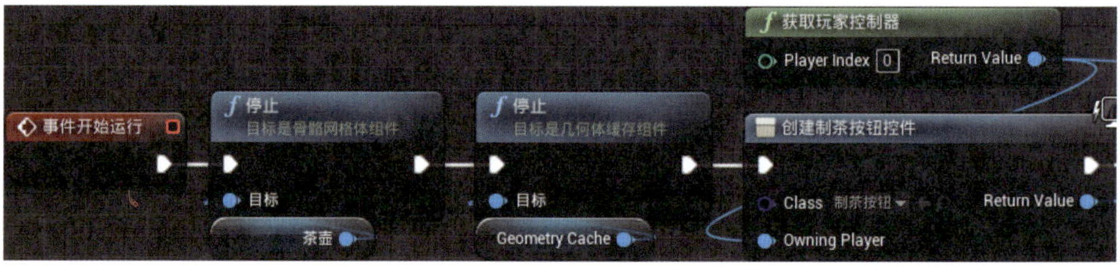

图 10-112

（50）创建变量并将其命名为“制茶按钮”，如图 10-113 所示。

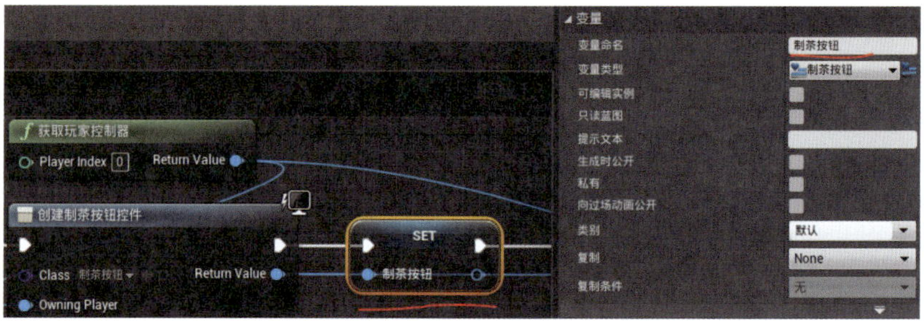

图 10-113

（51）将“制茶按钮”添加到屏幕前，如图 10-114 所示。

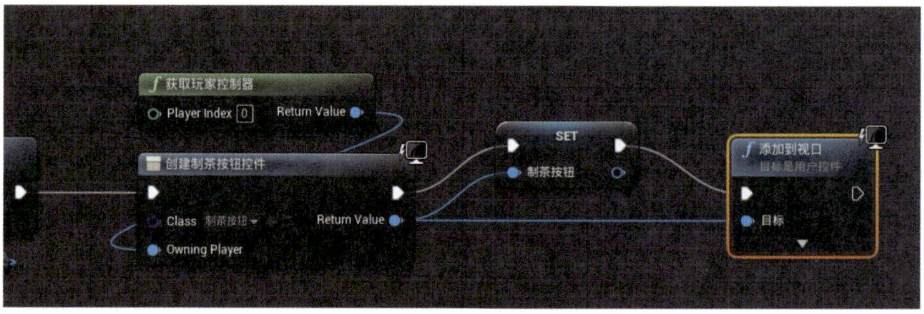

图 10-114

（52）将鼠标光标在屏幕前显示出来。通过玩家控制器调用显示鼠标节点（要在玩家控制器中输入 show mouse cursor 才能找到这个节点），如图 10-115 所示。

（a）（b）

图 10-115

（53）将前面创建好的“制茶按钮”变量拖入场景获取变量，如图 10-116 所示。

图 10-116

（54）从“制茶按钮”中获取“茶种类”变量，调用选择节点，如图 10-117 所示。

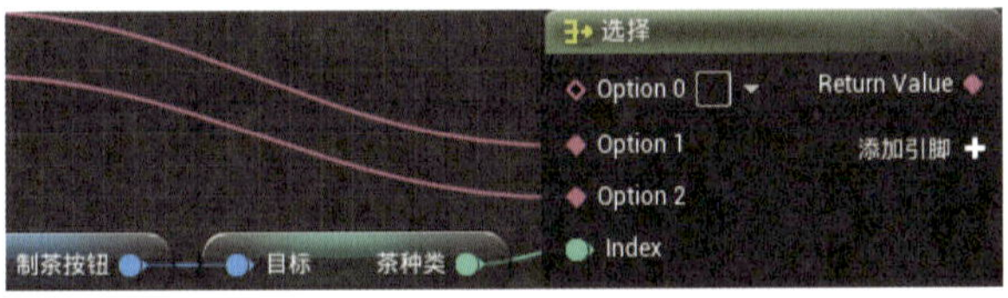

图 10-117

（55）新建一个文本变量，将其命名为“茶种类判断”，如图 10-118 所示。

图 10-118

（56）将“茶种类判断”变量拖入场景中进行设置，如图 10-119 所示。

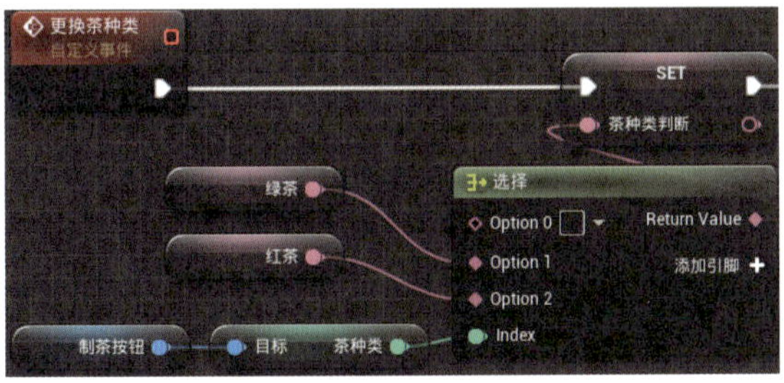

图 10-119

（57）回到软件主界面创建两个材质，设置茶水的颜色用来区分不同茶水，对新建的材质进行简单的设置，如图 10-120 所示。

图 10-120

（58）首先对“红茶水材质”设置，选择“材质”节点，如图 10-121 所示。

图 10-121

（59）在“细节”面板中调整相关参数，如图 10-122 所示。

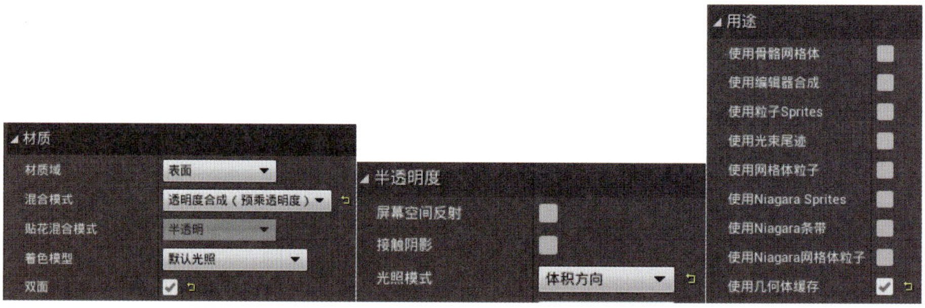

图 10-122

（60）将“基础颜色”提升为参数，如图 10-123 所示。

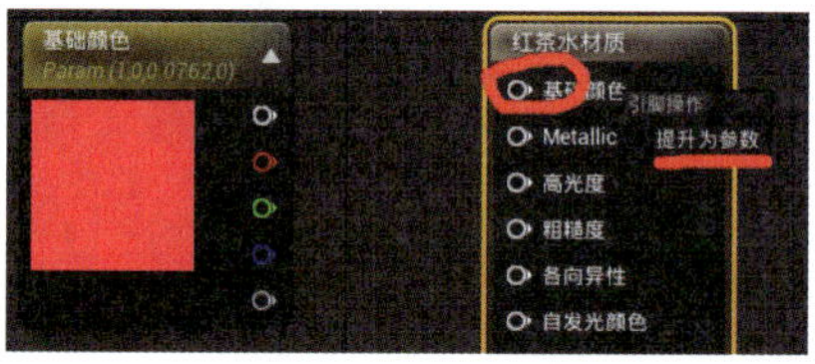

图 10-123

（61）双击“基础颜色”，修改相应的颜色，如图 10-124 所示。

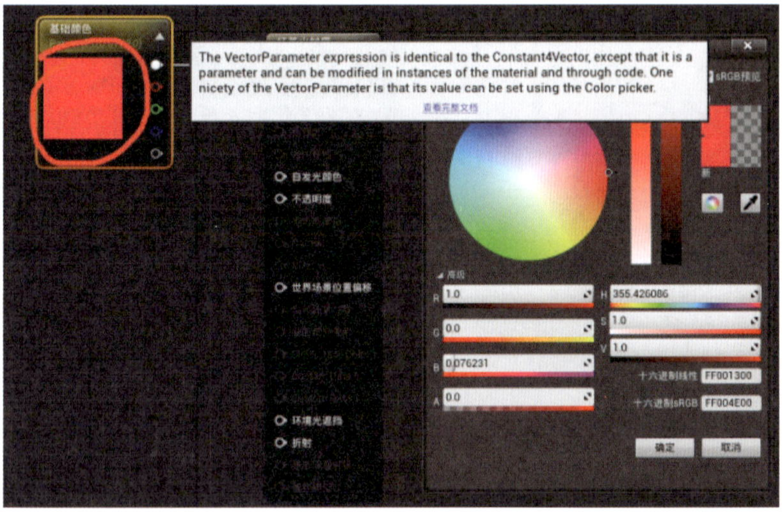

图 10-124

（62）将“不透明度”提取出来修改参数，如图 10-125 所示。

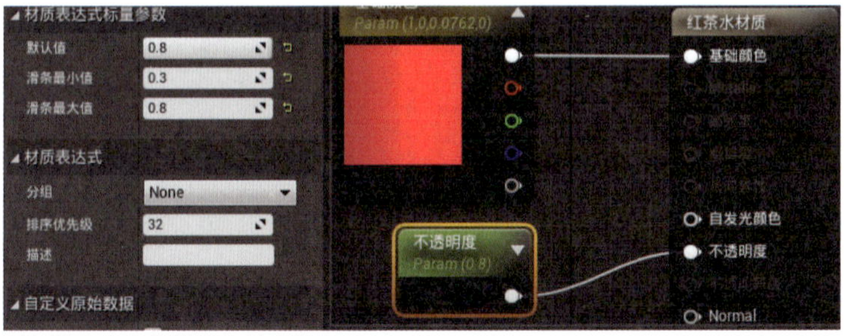

图 10-125

（63）绿茶的设置参照红茶的设置方法，只不过要把相应的颜色修改为绿色，如图 10-126 所示。

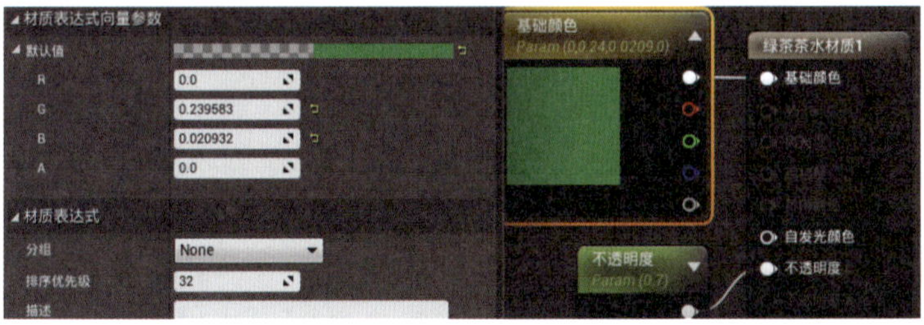

图 10-126

（64）回到“茶”蓝图，将缓存体拖入蓝图，设置缓存体的材质，即红茶水材质和绿茶水材质，如图 10-127 所示。

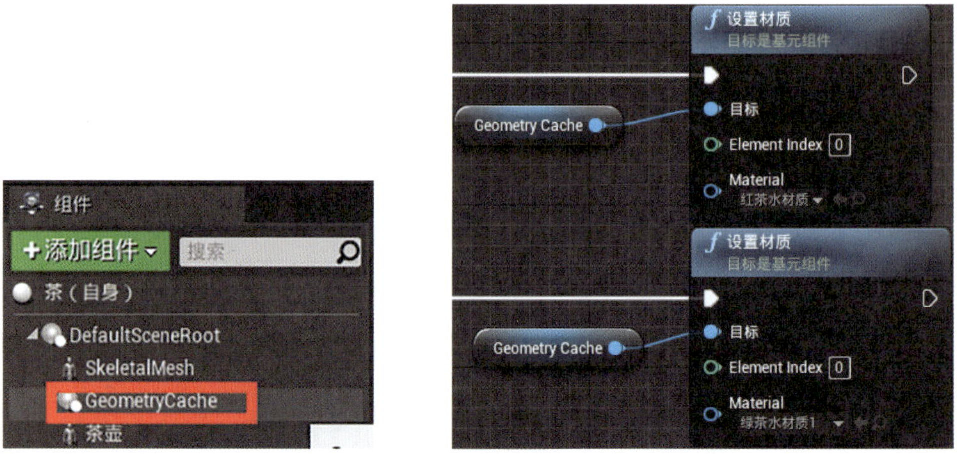

（a）　　（b）

图 10-127

（65）我们需要对“茶种类判断”变量进行判断。按住 B 键然后在蓝图工作区域空白处单击，在“创建文字文本”下面输入“红茶”，如图 10-128 所示。

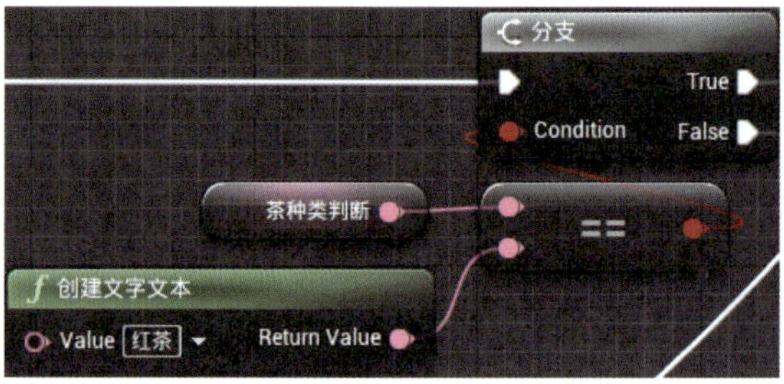

图 10-128

（66）同样创建一个绿茶的判断变量，参照以上方法进行节点模块之间的连接，如图 10-129 所示。

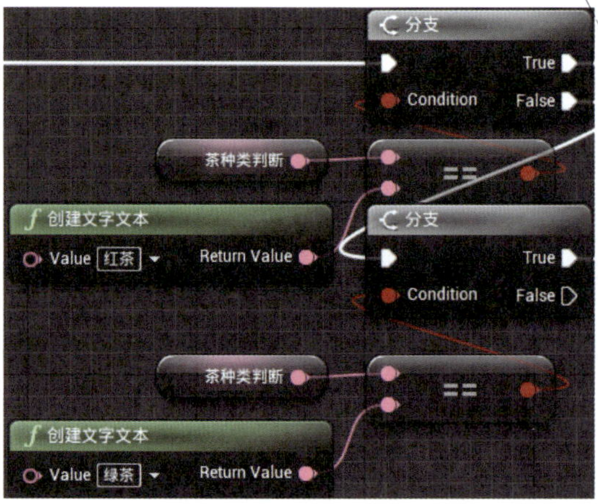

图 10-129

（67）与几何缓存体进行连接，如图 10-130 所示。

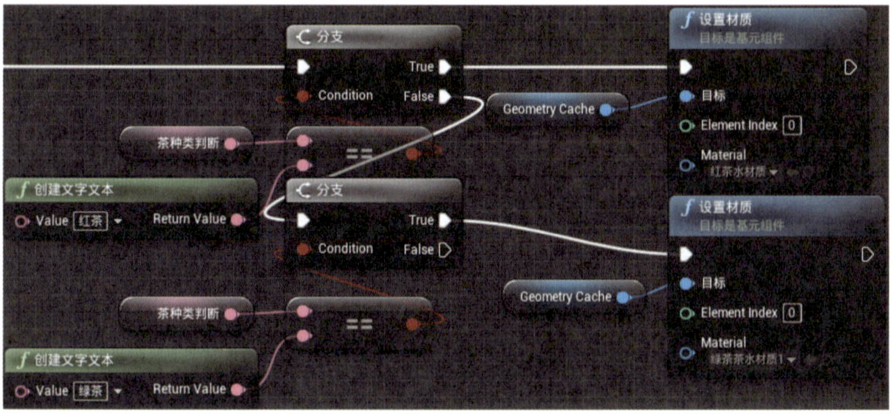

图 10-130

（68）经过节点模块的连接，总体蓝图如图 10-131 所示。

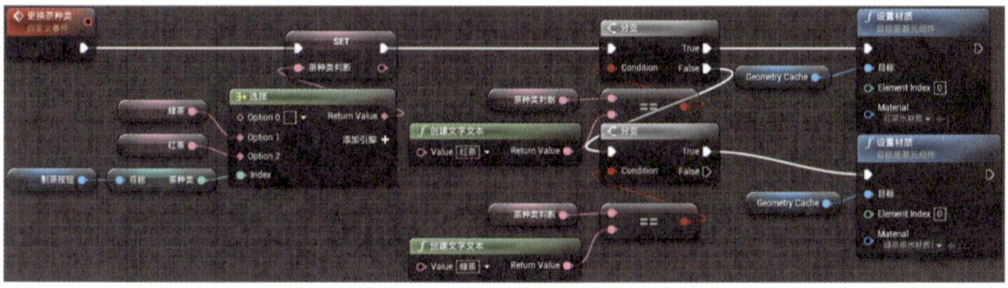

图 10-131

（69）回到“制茶按钮”控件蓝图，调取“获取类的 actor”节点，这一步骤是为了调取“茶”蓝图里面的“开始泡茶”事件，如图 10-132 所示。

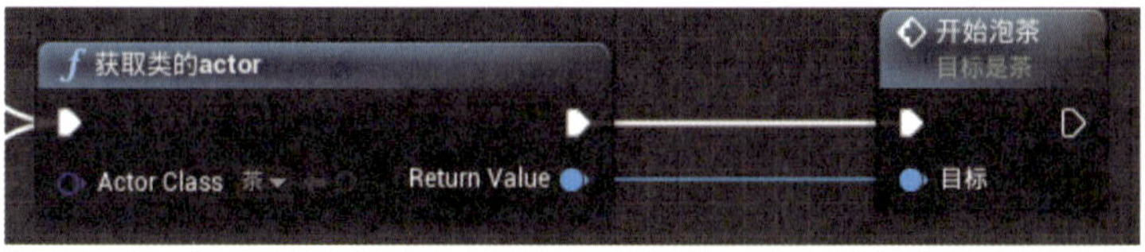

图 10-132

（70）继续使用蓝图连接各类组件，如图 10-133 所示。

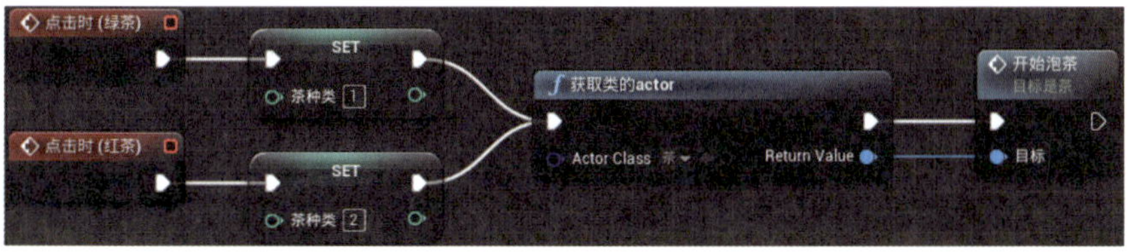

图 10-133

（71）重新切换回到“茶”蓝图中，调用“更换茶种类”事件，如图 10-134 所示。

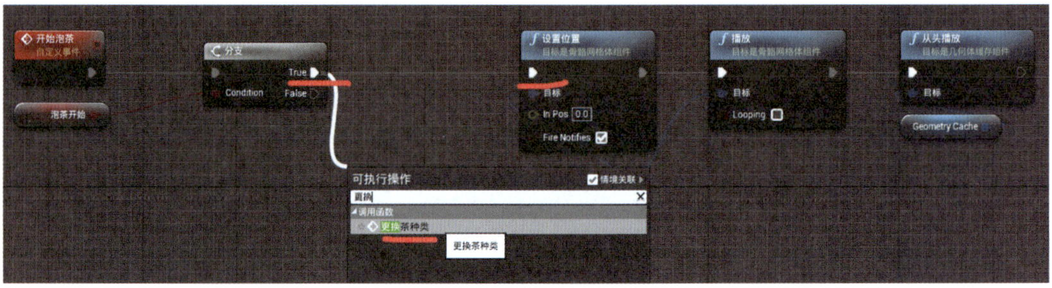

图 10-134

（72）对“开始泡茶”事件模块按照逻辑架构进行整体连接，如图 10-135 所示。

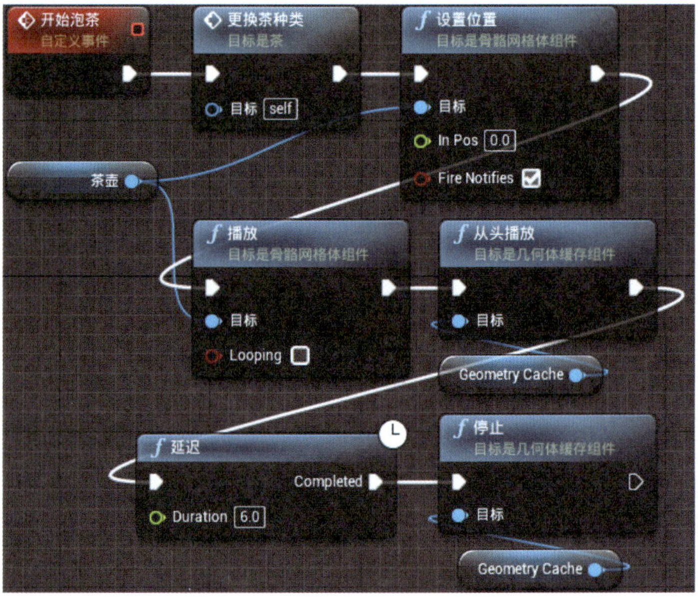

图 10-135

（73）勾选“泡茶开始”设置默认值，如图 10-136 所示。

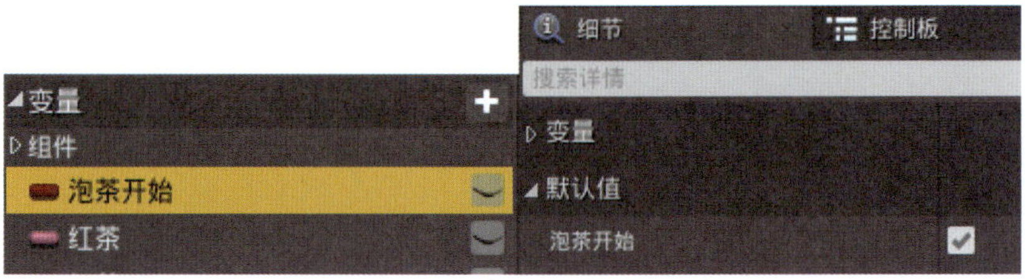

图 10-136

（74）通过蓝图可视化编辑，完成红茶、绿茶冲泡的场景交互，如图 10-137 所示。

虚幻引擎
交互设计

（a）

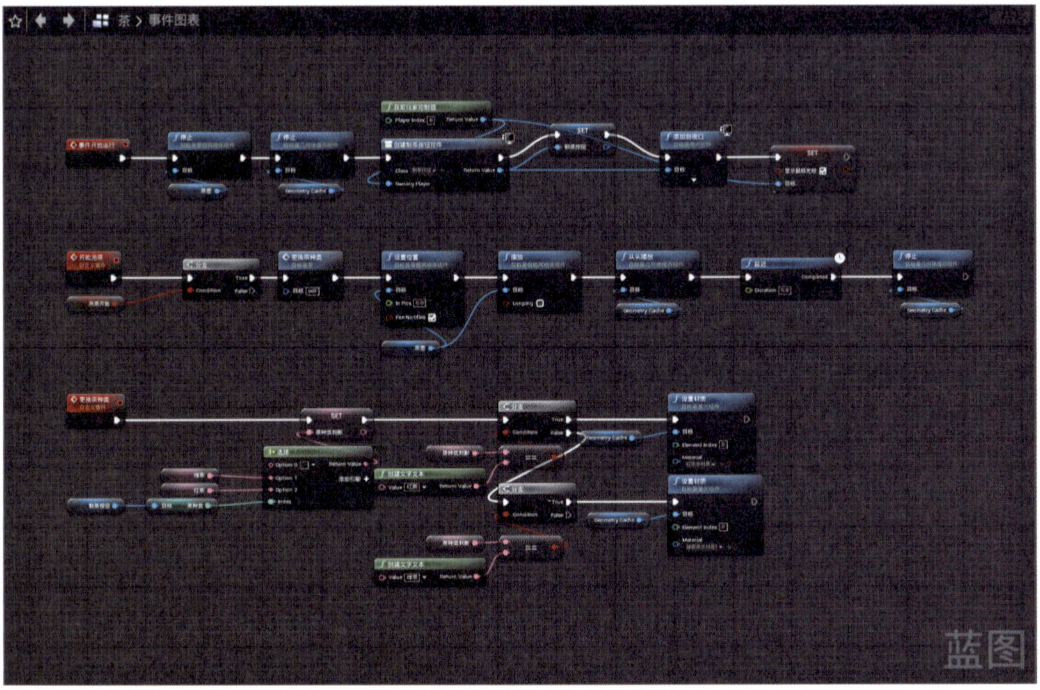

（b）

图 10-137

【任务拓展】

通过制作红茶、绿茶冲泡的动画交互，初步掌握了蓝图可视化编程功能，利用掌握的知识技能，尝试制作出门类齐全的茶艺冲泡的动画交互。

【思考与练习】

虚幻引擎除了可以用于游戏开发外，还可用于数字孪生、虚拟制片、建筑可视化等领域。掌握了蓝图可视化编程，就具备了一定的编程逻辑和工程思维，可使数字媒体专业的学生较快地适应对艺术与技术的复合型人才的岗位需求。

项目 11

人工智能交互设计

项目导读

随着5G、人工智能、大数据等技术的发展，设计工具从原来的桌面软件逐步转向在线即时交互协作的云平台工具。因此，未来的设计师需要掌握智能化、信息化、数字化的设计工具来高效完成设计工作。通过学习稿定设计在线设计平台（简称稿定设计）、AI视频剪辑，快速产出“梦境茶园”APP项目的新媒体应用、电商设计、短视频制作的成品，完成初期品牌运营推广。通过动态海报、H5等实例制作，让读者了解在线平台工具的使用原理、方法技巧以及云平台的线上优势；通过AI视频剪辑实例，熟悉视频领域的前沿技术和未来趋势，运用新的平台工具达到事半功倍的学习效果。

教学目标

★ 掌握稿定设计在线设计平台制作茶类APP的电商设计技巧。

★ 掌握AI智能剪辑视频的技巧。

任务1 电商设计

【任务描述】

根据实际项目的商业需求和茶产品附带的文化特点，使用稿定设计平台制作“梦境茶园”APP的动态海报及营销H5广告。

【任务要求】

通过手机壁纸的制作掌握稿定设计的基础操作和电商设计的原理，围绕茶类APP的文化属性，通过智能抠图、批量编辑、H5快速生成等实例制作掌握稿定设计在线设计平台整个功能模块的使用方法。

【知识链接】

随着国家经济实力和科技水平快速提升，我国的互联网科技产品也在不断突破和赶超欧美。交互设计师在使用各类工具、软件、平台系统时，在同等条件和满足需求的情况下，应优先选用国产的工具平台，信任和支持我们自主研发的科技产品，比如“北斗卫星定位系统”“鸿蒙操作系统”。另外，交互设计师在使用各类工具平台及资源素材时，应尊重他人劳动成果，购买版权，践行知识产权保护。

目前，在线设计平台有很多，属于头部产品的有稿定设计、Canva 可画、图怪兽、千库编辑等平台工具。本项目选用稿定设计作为平台工具进行电商设计。

1. 稿定设计界面布局

稿定设计不同于以往的桌面设计软件，它不需要安装，只要通过联网登录到相应网站就可以开展工作。登录后可以看到平台的界面布局，如图 11-1 所示。

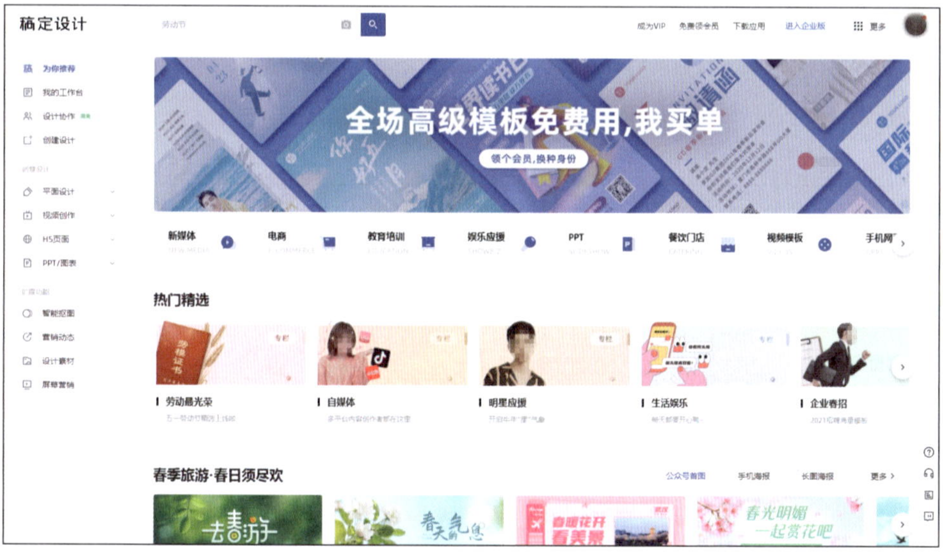

图 11-1

2. 功能模块

稿定设计是一种新型在线云设计平台，因此界面布局更多偏向于网站导航，而不是作图软件。网站界面的左侧是稿定设计的功能模块，由“为你推荐”“创意设计”“扩展功能”3 个部分构成，如图 11-2 所示。使用者可以根据项目实际需求，选择不同的功能模块。

3. 成品分类

从设计输出的成品入手，我们可以使用稿定设计平台依据服务领域划分好的类别模板，包括新媒体、电商、教育培训、手机网页等，如图 11-3 所示。

茶类 APP 属于互联网产品，因此可以在新媒体、电商和手机网页这 3 个类别中选取适用于产品调性的风格模板，进行快速设计，如图 11-4 所示。

图 11-2

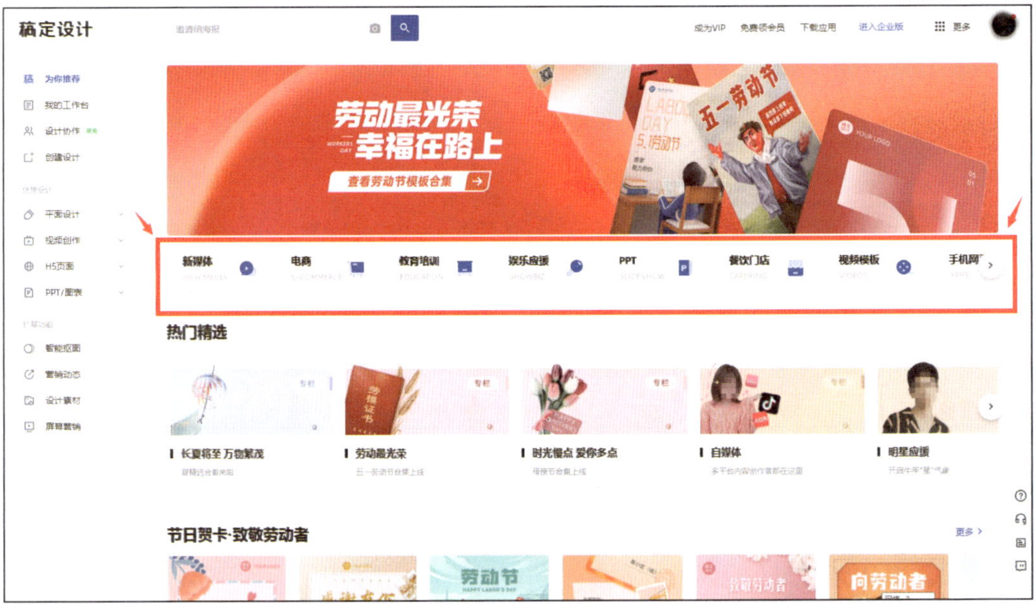

图 11-3

图 11-4

【任务实施】

1. 图片编辑

人工智能技术能够帮助我们减少或者取代一些在设计工作领域里那些重复性比较高、技术含量低、劳动强度比较大的图片处理工作，提升工作效率，设计师可以将更多时间和精力投入想法创意及内容生产上。单击稿定设计中的“图片编辑”按钮，进入图片编辑的页面，根据需要选择“抠图换背景”“美化图片”等功能，如图 11-5 所示。

图 11-5

单击“抠图换背景”下的“批量抠商品”按钮进入智能抠图界面，可以选择“梦境茶园”的产品图片，进行批量抠图，最多可以上传 30 张图片，因此可快速对设计素材进行批量处理（传统的图形图像软件则需要好几步操作步骤才可以完成类似的批量处理），如图 11-6 所示。

图 11-6

单击“批量抠商品”下的“立即使用”按钮，可将图片素材进行同步上传。单击“抠图”按钮，等待在线生成，然后可以根据需要匹配淘宝、京东、拼多多等电商平台的图片格式或直接将图片下载到本地，如图 11-7 所示。

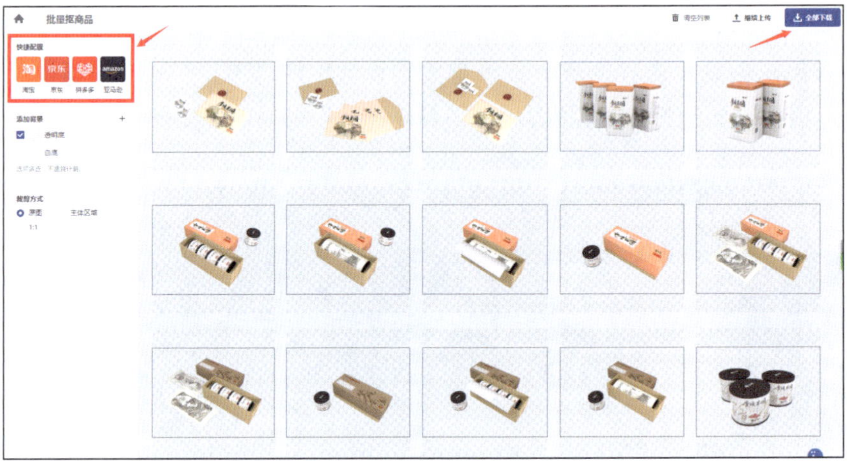

图 11-7

2. 动态海报设计

当对需要使用的素材都进行了图片编辑处理之后，就要将素材图片运用起来，配合创意制作设计成品。在稿定设计首页（图 11-4）单击“新媒体”进入“新媒体场景”页面，单击“动态海报”进入模板中心，使用关键词搜索功能查询筛选合适的模板，结合已有的素材进行二次创作，如图 11-8 所示。

图 11-8

在“动态海报”类别下，可以通过对颜色、风格、版式的精细搜索，更快找到二次创作的模板，以便快速产出设计成品，如图 11-9 所示。

图 11-9

选定模板后进入编辑模式，页面中间是画布，显示的是模板的效果图片；页面左侧的工具栏包含了模板、素材、文字、照片等功能模块；在页面右侧可编辑画布内容的属性参数，如图 11-10 所示。

图 11-10

选择画布进行编辑，可进行调整尺寸、替换图片、修改文字等处理，按照应用需求下载或者发布作品，完成动态海报制作，如图 11-11 所示。

图 11-11

3. 营销 H5 设计

在稿定设计首页左侧的功能模块中单击“H5 页面”，展开的选项列表中包含“模板中心”和“页面制作＂两个功能，可以根据实际项目要示及素材资源进行 H5 电子宣传册的制作，如图 11-12 所示。

图 11-12

单击“模板中心”，在弹出的页面中找到符合主题的素材模板，进行二次创作，如图 11-13 所示。

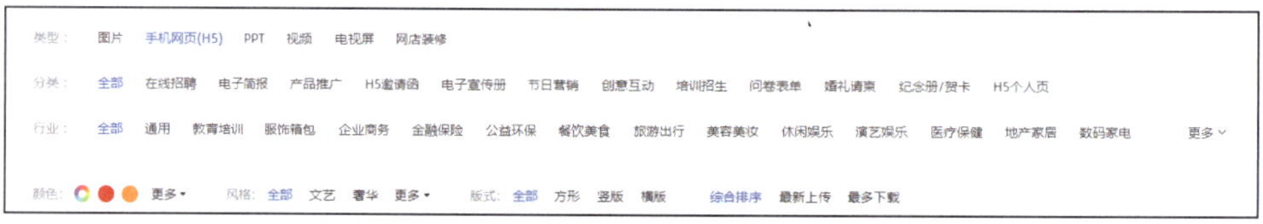

图 11-13

H5 页面的编辑界面和之前动态画布的有所不同。在 H5 页面的中央画布的左右两侧有全面屏、标准屏的像素尺寸，提醒使用者控制好页面布局的安全区域，根据不同型号的手机进行制作。在 H5 页面的右侧可进行属性参数调节，可对 H5 交互中的动效、翻页、音乐等功能进行编辑，如图 11-14 所示。

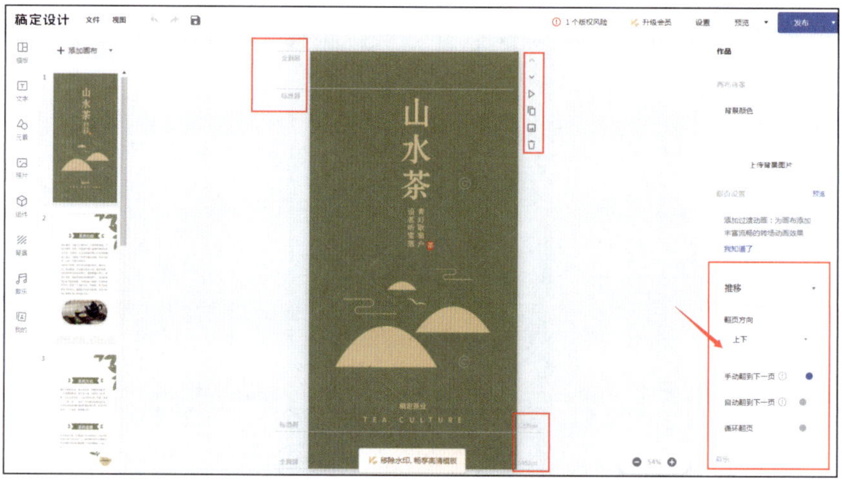

图 11-14

将“梦境茶园”项目的图片、文字、音乐等素材进行替换和搭配，快速得出适于推广的营销 H5 成品。可以使用菜单栏右上角的预览功能检查效果，如无问题就可以将产品发布到不同的网络平台，如图 11-15 所示。

图 11-15

【任务拓展】

通过动态海报设计、营销 H5 设计两个项目的制作，我们掌握了智能抠图、批量尺寸调整、模板再创等功能的使用方法。利用这些功能我们可以进行拓展练习，迅速制作便于在各类平台推广的宣传物品，如手机壁纸、动态二维码、电子邀请函等，相关的样例如图 11-16 所示。

人工智能交互设计

图 11-16

【思考与练习】

熟练掌握在线云设计平台的使用，以及集素材、模板、创作于一体的平台功能，设计师便能够利用人工智能技术带来的便捷性，设计的产品方能满足个人用户、中小企业对一般电商设计产品的数量需求和品质要求。目前，所有的在线设计平台都具有数字化、智能化、交互性、即时便捷的特征（但都涉及商业授权和版权购买），这些是未来设计工具的特性，设计师应该了解新技术并紧跟市场发展趋势。

任务2 使用万兴喵影进行 AI 智能剪辑

【任务描述】

利用合适的软件工具及 AI 自动剪辑软件，初步完成各类视频素材的剪辑工作。

【任务要求】

掌握万兴喵影这款软件，使用智能初剪功能对 Vlog、课堂、活动等视频素材进行智能剪辑，剔除讲话卡壳的片段，筛选开关门特殊声效等片段。

【知识链接】

现今是短视频、直播、自媒体快速发展的时段，交互设计师的工作也会涉及视频的拍摄和剪辑。剪辑软件从原来学习成本较高的专业软件转变为智能化、网络化、轻量化的新型工具平台。传统视频剪辑软件的手动剪辑、拼接、选择音乐、增加转场、调色、字幕处理等功能，不但学习门槛较高，且耗时费力。新型视频工具平台除了具备传统软件的功能，还具备图文转视频、智能配音、自动生成字幕等功能。市面上的新型视频剪辑工具大致可以分为如下 3 类。

（1）具备视频剪辑功能的大数据云端平台：通过算法和平台资源完成智能剪辑、智能直播，主要服务于 B 端客户，如阿里云、腾讯云等。

（2）新型视频剪辑软件：这类视频剪辑软件主要由用户量巨大的视频网站或短视频平台开发，界面设计和功能布局与传统软件相似，且除了 PC 版本还有 APP 版本，适合各类自媒体从业者使用，如剪映、万兴喵影、必剪等。

（3）专注视频制作自动化功能的软件：这类软件针对固定视频类别，提供自动剪辑、自动配音、自动配字幕等功能，可缩短剪辑用时、提升效率，如智影、AI 全自动剪辑软件等。

【任务实施】

在茶类 APP 信息架构模块中，茶产品资讯里会有很多“茶人”视频，当这类视频内容涉及对话或者解说的时候，前期拍摄会有说话卡壳的情况，在剪辑视频时需将废掉的（即无法使用的）片段剔除。出现这种情况时可以选择万兴喵影新推出的“智能初剪”功能来处理。

（1）下载安装万兴喵影软件运行，其界面如图 11-17 所示。

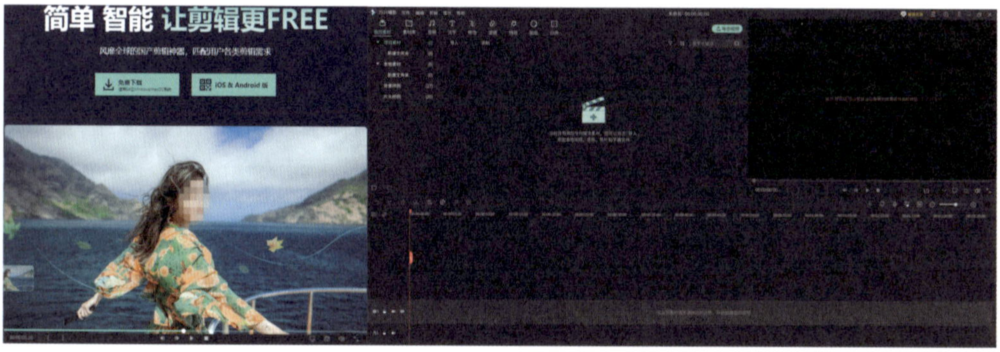

图 11-17

（2）将视频素材导入素材库，然后右击，在弹出的快捷菜单中选择“智能初剪”命令，如图 11-18 所示。

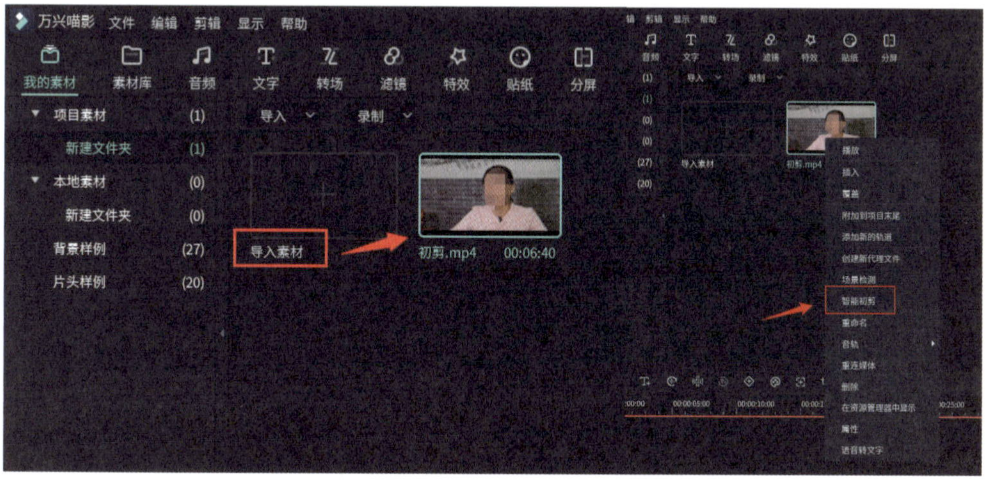

图 11-18

（3）在弹出的“智能初剪”窗口的左侧包含了 3 个参数设置的功能，分别是音量阈值、最小持续时间、缓冲区域，如图 11-19 所示。

（4）单击“开始”按钮，软件会按照默认参数进行一次初剪。为了保证产出效果更好的视频，我们还可以通过参数设置继续进行调整。通过设置音量阈值的参数，筛选低于阈值的镜头片段并将其移除，默认保留高于阈值的片段，如图 11-20 所示。

（5）设置最小持续时间。在低于音量阈值的时间片段中，时长大于最小持续时间的片段将会被移除。如果将最小持续时间设置得更长，将会有更多的素材片段被保留，如图 11-21 所示。

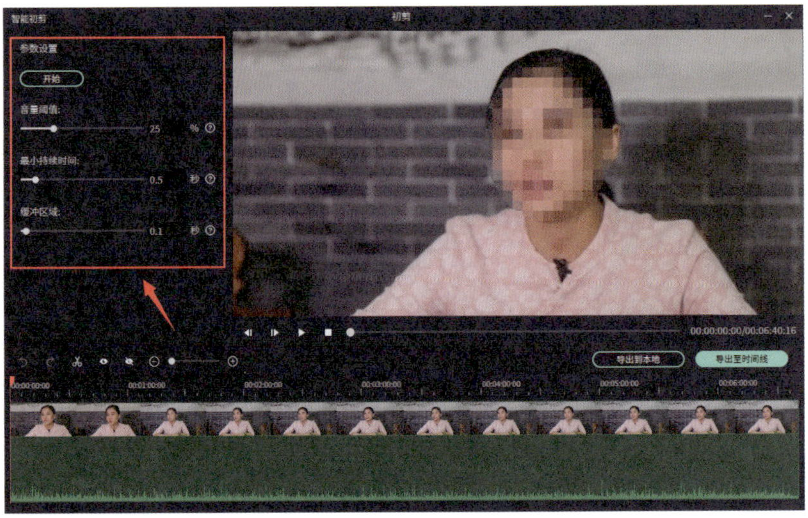

图 11-19

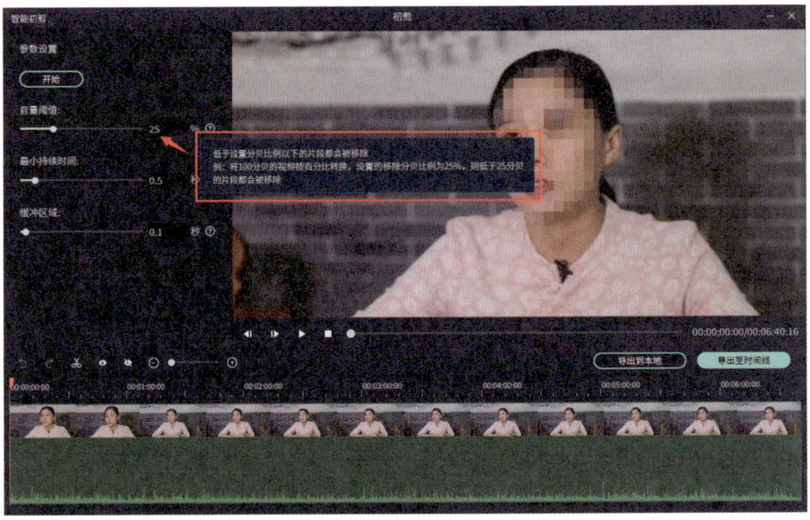

图 11-20

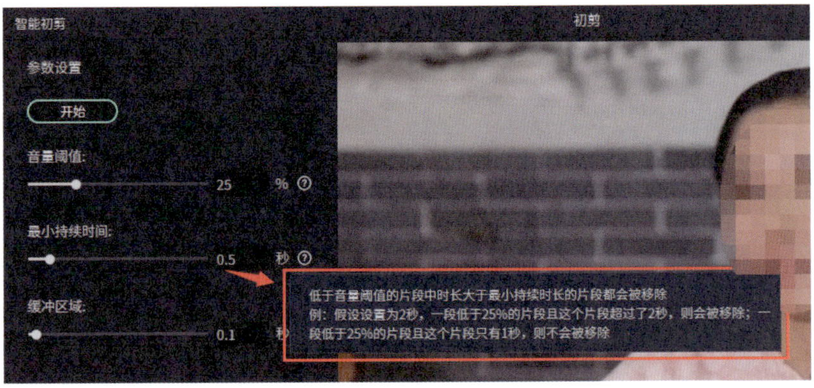

图 11-21

（6）在缓冲区域（指的是与移除片段相邻的非移除片段头尾衔接处）分别增加设置的缓冲时长。如果将缓冲区域延长，重新进行智能初剪，原先设置的视频移除区域就会向中间缩短，如图 11-22 所示。

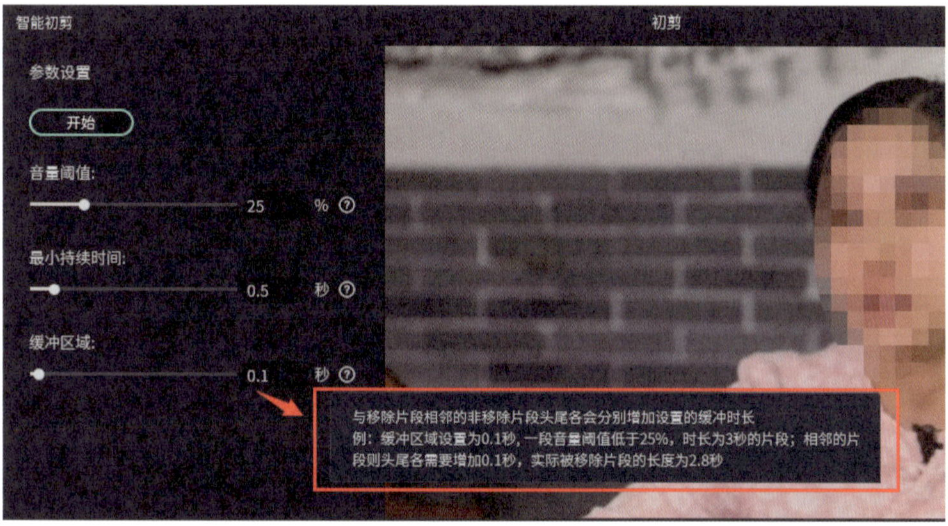

图 11-22

（7）3 个参数设置完毕后，都要单击“重新开始”按钮，完成新的智能初剪，得到新剪辑的视频素材。单击“导出到本地”按钮，可以获得一个初剪素材；单击“导出至时间线”按钮，则会进入下一步编辑，如图 11-23 所示。

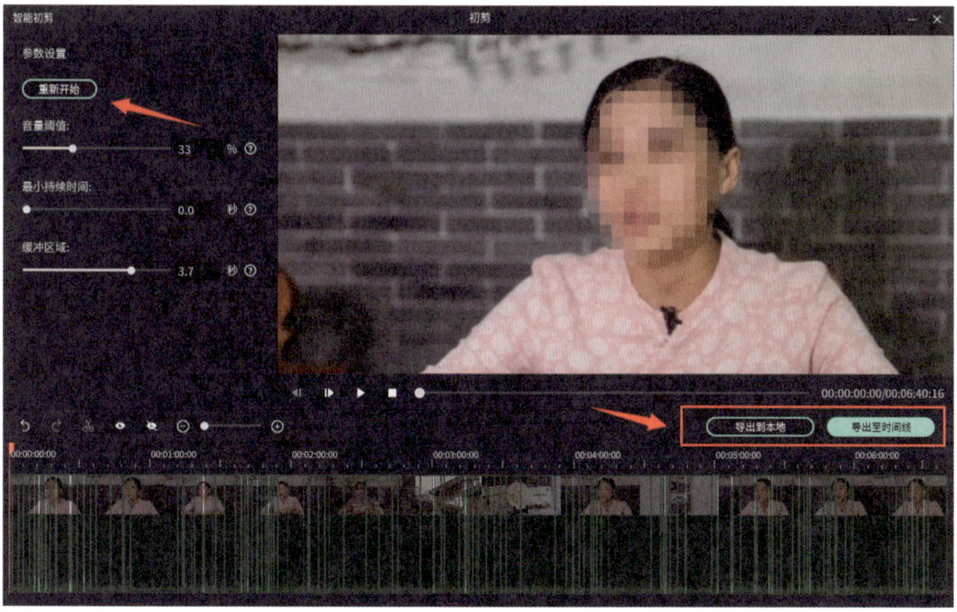

图 11-23

【任务拓展】

智能初剪的功能可以对访谈、讲课、发言等卡顿的视频素材进行初步筛选。除此之外，音量阈值的功能可用来处理一些素材中特殊的声源声效，如脚步声、关门声响等，还可以使用这个功能对声源声效的相关视频进行初剪。

【思考与练习】

通过学习，读者应掌握智能初剪的功能属性和使用方法。人工智能技术的发展和短视频的兴起，使得 AI 智能剪辑有了技术和市场需求，设计师要拥抱技术并了解市场。使用最高效的设计方法和软件工具可减少大量、低效、重复的工作。

项目 12

赛项实训——全国高校数字媒体艺术设计大赛

项目导读

“全国高校数字媒体艺术设计大赛”（NCDA 大赛）是一项主要面向数字媒体艺术设计专业的艺术设计领域的比赛。通过师生团队参赛，达到“以赛促教、以赛促学、以赛促改、以赛促建”的效果。学生在参赛过程中，可以提升创新能力、实践能力、团队协同能力等，以适应未来设计师的岗位能力和技能需求。

教学目标

★ 掌握多种创意方法和比赛技巧。

★ 获得专业比赛奖项。

任务 1 备赛训练

【任务描述】

根据比赛命题要求，选择符合自身情况的赛项命题，有针对性地进行创意设计训练，产出比赛作品雏形。

【任务要求】

通过查看比赛官方网站，了解赛项要求，选择参赛项目，依据个人能力水平，可个人单独参赛或组建团队参赛。整个赛事持续时间将近半年，师生团队应当参照交互设计团队的工作流程及方法，制订进度表和做好时间管理，保证按照赛程时间准时提交参赛作品。

【知识链接】

1. 赛项命题分类

首先比赛都有“命题作文”的要求，所以要了解比赛的题目要求，研究往届比赛内容及主办方组委会的赛事目标。NCDA 大赛分为非命题类、公益赛事、命题赛事 3 个赛道（以 2021 年第九届赛事为例），如图 12-1 所示。

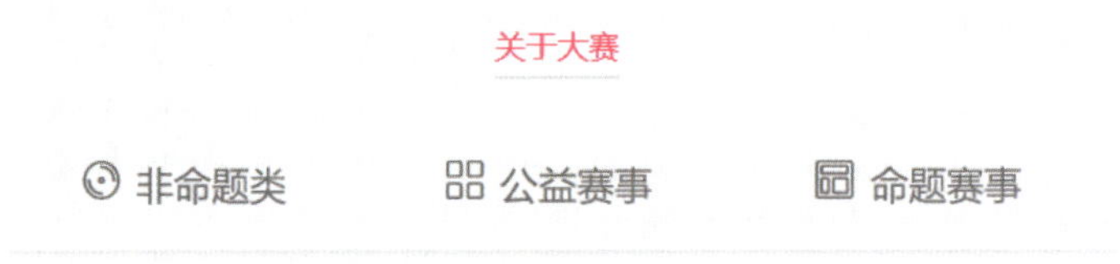

图 12-1

（1）非命题类。非命题类赛道，从视觉传达设计、数字影像与视频设计到数字音乐、人工智能 + 设计等共 13 个类别，涵盖了数字媒体艺术设计的所有设计类别，新增的数字音乐和人工智能 + 设计，是在其他同类比赛里很少出现的新赛项，如图 12-2 所示。

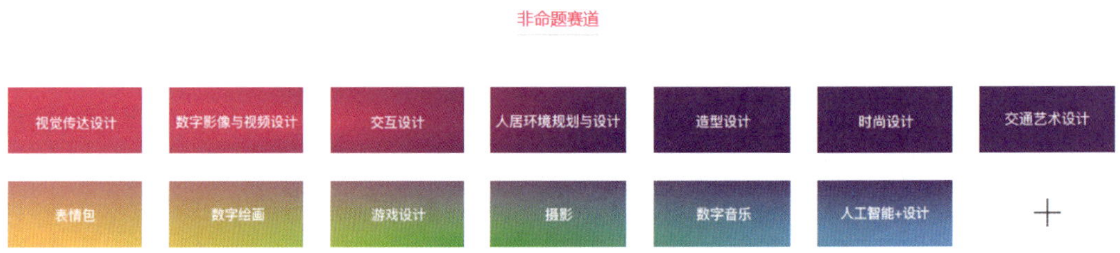

图 12-2

（2）公益赛事。公益赛事通常分为两大类：一是以当年国家战略或社会热点为命题，如乡村振兴公益赛事等；二是具有国际化视野的联合国可持续发展目标公益赛事等。图 12-3 所示为此类赛事部分样例。

图 12-3

（3）命题赛事。这类赛事通常是确定了具体的设计方向和内容，命题内容多为商业需求的项目，如图 12-4 所示。

图 12-4

2. 赛事准备

（1）赛事调研。产品开发工作流程里需要进行前期调研，同样，参加专业、行业等各类比赛，也需要开展相关调研。通过调研，一是了解往届比赛获奖作品，进行参考借鉴；二是记录更多作品的创意，避免重复其他人的创意。

（2）灵感积累。创意需要灵感，但是创意也需通过练习得到提升。学习从模仿再到创新，因此，应注意观察生活，多看优秀作品，准备好笔记本随时记录灵感及想法，养成及时记录的行为习惯。通过浏览一些搜集创意灵感的网站，开拓自身眼界也很有必要，在国内比较有代表性的这类网站是花瓣网、大作等。

【任务实施】

确定命题

（1）登录官方网站，查看“院校报名”“大赛介绍”“命题赛事”等功能选项，对比赛的真实需求分析透彻，如图 12-5 所示。

图 12-5

（2）登录官方网站，查看“作品展示”，做好相关调研，如图 12-6 所示。

图 12-6

（3）通过查看各类作品，将想法和灵感及时记录，同时也要细心观察生活，积累一定的素材，如图 12-7 所示。

设计大赛官网的正确打开方式

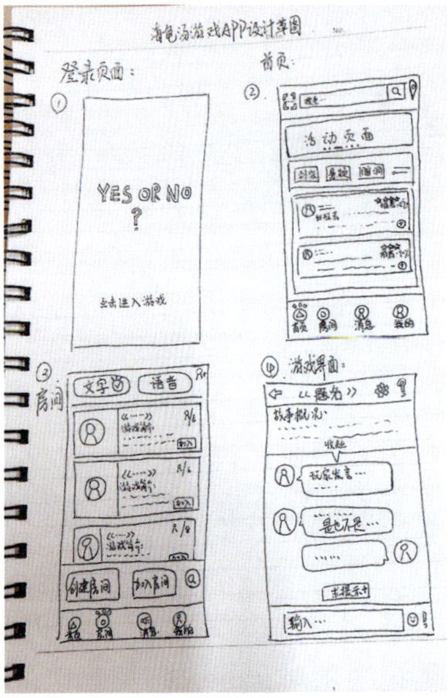

（a）

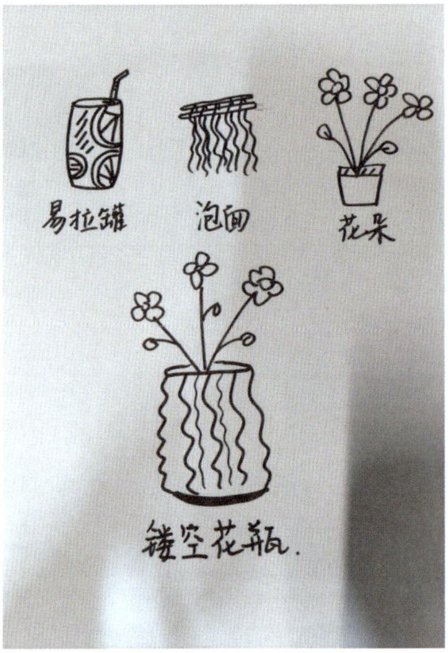

（b）

图 12-7

【任务拓展】

通过了解大赛情况及获奖作品，做好调研记录，还可以将范围扩大，研究同类比赛的获奖作品，使想法创意更加独特，不重复、不撞车，避免选择过时的创意，保证创意点贴合当下热点及未来趋势。

【思考与练习】

只有掌握设计比赛的目标需求，才能够有的放矢，找到适合自己的题目和确定创意方向。这个阶段最关键的是要做好调研和积累素材，多看、多思考，且最好把近两年比赛的获奖作品与自身现有水平进行比较，了解要达到同级别水平，需要提升哪一块能力或者补齐哪里的短板，还要在此基础上把标准提高，因为比赛的竞争程度从数量到质量都是逐年上升的。

任务2 创意方法运用

【任务描述】

确定了选题方向后，需要围绕主题，使用多种创意方法将创意转化为成品进行输出。

【任务要求】

通过使用“三字母法则”“更…更…（对应关系）”“五感设计”等创意方法，开展头脑风暴，尽可能多地生成创意，再从众多创意里提取最适合主题的方案。

【知识链接】

创意方法能够帮助设计师快速产生创意，既是方法也是一种工具，不同的主题需要根据情况选择不同的创意方法，迅速形成方案。创意有没有公式？有没有百搭的创意方法？以下列举的创意方法，可以帮助设计师从不知道如何入手到产出多个创意。

（1）三字母法则。这个创意方法主要是从艺术表现角度切入，以形式美为发力点，进行创意思考。第一个字母“B”代表单词 Baby，表示从“萌”“可爱”的方向生成创意；第二个字母“B”代表单词 Beast，表示运用动物元素生成创意；第三个字母“B”代表单词 Beautiful，表示围绕形式美进行创意思考。具体说明见表 12-1。

表 12-1　三字母法则说明

单词	关键要素提炼
Baby	宝贝、萌、可爱
Beast	动物、亲密
Beautiful	美丽、颜值

（2）更…更…（对立关系）。看事物的角度方式不同，就会带来不同的效果。“更…更…”方法指从对立的角度进行创意思考，生成更多创意想法，如更大或更小、更厚或更薄、更快或更慢等。

（3）五感设计。人的感觉分为 5 种：视觉、听觉、嗅觉、触觉、味觉。当我们设计一款产品时，可以考虑将一种或多种感觉同时运用到作品中，也可以从一种感觉或多种感觉着手进行创意思维。比如，由于技术的进步，电影院的观影模式产生了更专注于沉浸感的 4D 电影，除了视觉及听觉，4D 电影搭配周围环境的模拟，给观众营造更多真实的体验。相对传统的创意方法，关注人的感觉体验是随着科技发展而促成的新方法和新思路，也是数字媒体交互设计关注的重要领域。

以上 3 种创意方法只是众多创意方法的一小部分。创意方法能够启发思维，帮助我们快速产出方案，但是切莫形成思维定势，任何项目都用同一种创意方法，或只用自己熟悉的创意方法。

【任务实施】

创意头脑风暴

学会了一些百搭的创意方法后，现在结合比赛主题，运用已经掌握的创意方法，试着进行创意的生成。在联合国可持续发展目标公益赛事的 17 个命题里，我们以“优质教育”为题，使用头脑风暴产出创意，如图 12-8 所示。

图 12-8

使用关键词联想进行头脑风暴和快题训练，从“优质教育”联想到“书籍”“互联网 +”“空中课堂”等词语。图 12-9 所示为创意头脑风暴的草图样例。

图 12-9

创意草图尽量将精力放在快速生成创意上，草图的完成度和美观度不是特别重要的，如果手绘功夫欠缺，可依靠文字标注来补充。尝试使用不同关键词组合，生成多组不同的创意，如图 12-10 所示。

图 12-10

【任务拓展】

通过头脑风暴的练习，我们将创意方法运用于产品的雏形创意，并绘制了创意草图。创意方法还有很多种，读者可以使用新的创意方法继续拓展想法。

【思考与练习】

我们已经掌握了头脑风暴及多种创意方法，创意发散注重数量，创意提炼强调质量。备赛阶段要注重调研和产品的设计构思，设计具有新颖性且贴合比赛背景目标，才有可能脱颖而出，获得好的比赛成绩。

任务3 使用 IVX 产出设计作品

【任务描述】

根据前期的比赛创意草图，使用 IVX 开发平台制作参赛的 H5 作品。

【任务要求】

使用 IVX 开发平台制作 H5 作品，各种交互功能需依靠“事件”命令来完成，通过实例制作，熟悉零代码可视化编程的工作思维和事件命令的使用技巧。

【知识链接】

IVX 是一款零代码可视化编程的在线开发平台，能够制作各类桌面原生程序、网站、小程序、小游戏以及H5作品。平面类的软件PS、AI或者影视类的软件AE等，基本都不涉及编程知识，而IVX则需要运用可视化编程的工作流程进行设计制作。图12-11呈现了编程语言的进化过程，机器人图像代表下一个技术趋势——零代码可视化编程。

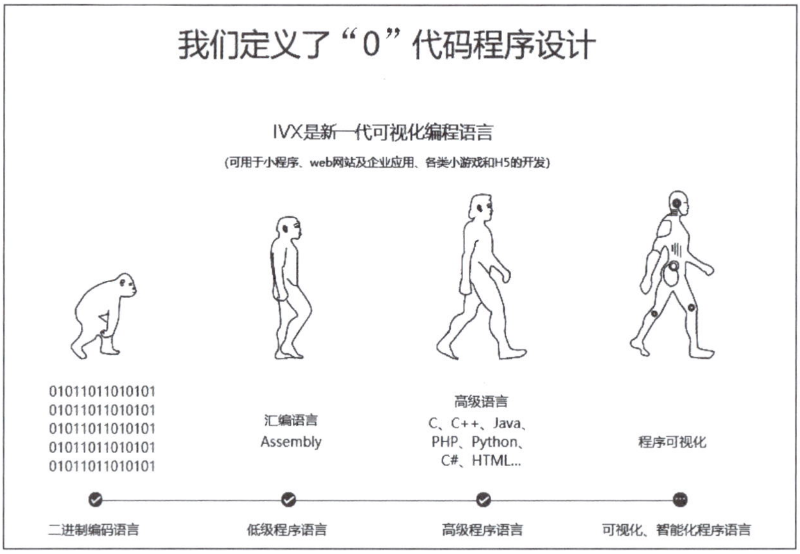

图 12-11

【任务实施】

IVX界面及基本操作

（1）登录IVX进行注册。创建一个账号后登录，选择需要产出的产品形式，然后单击“创建”按钮，如图12-12所示。

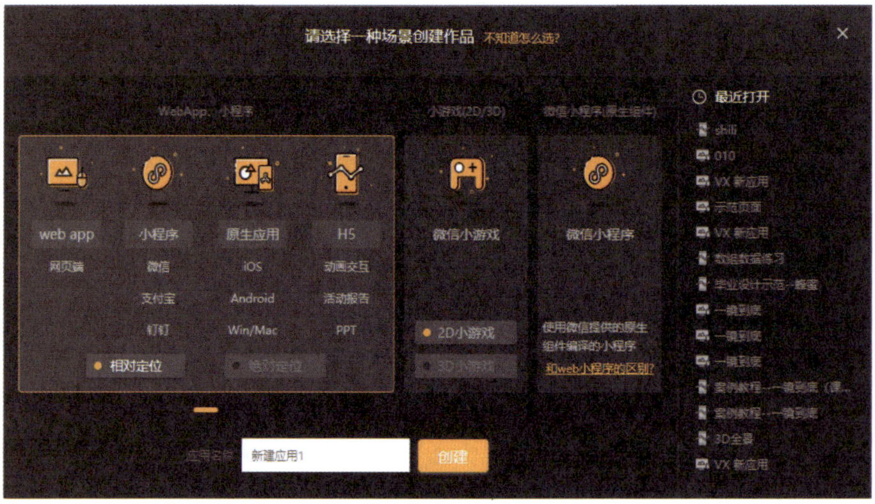

图 12-12

（2）根据创意草图选择 H5 产品，设置应用名称为“梦境茶园”，如图 12-13 所示。

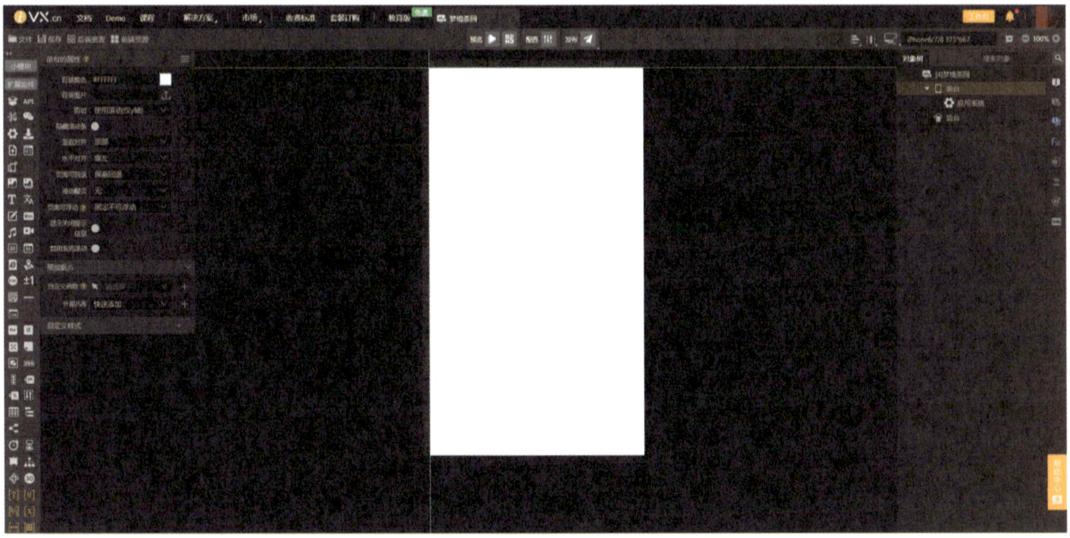

图 12-13

（3）在“对象树”下方的“前台”模块创建新页面，不要让页面直接在“对象树”内生成，而必须在“前台”下创建，在编程语言中称这种关系为“父子对象”，即页面继承了“前台”的属性，如图 12-14 所示。

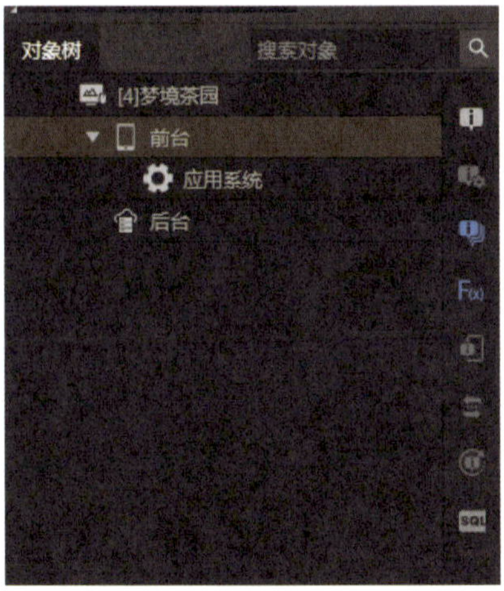

图 12-14

（4）创建需要的页面。在界面左侧的工具栏中，单击“页面”图标就可以在“对象树”下生成新页面。将需要的内容置入生成的页面中，如文字、图片、视频，如图 12-15 所示。

（5）单击“对象树”下的“前台”，在界面左侧对应出现的“前台属性”区域调整“滑动翻页”属性，可选择上、下、左、右的滑动翻页方向。如果页面数量较多信息量较大，习惯使用上、下翻页；如果页面数量较少，一般使用左、右滑动，如图 12-16 所示。

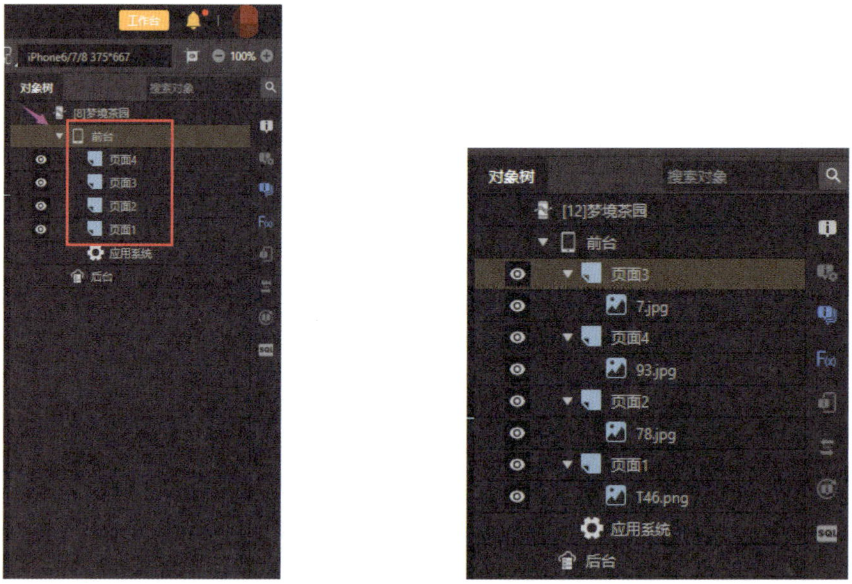

（a）　　　　　　　　　　（b）

图 12-15

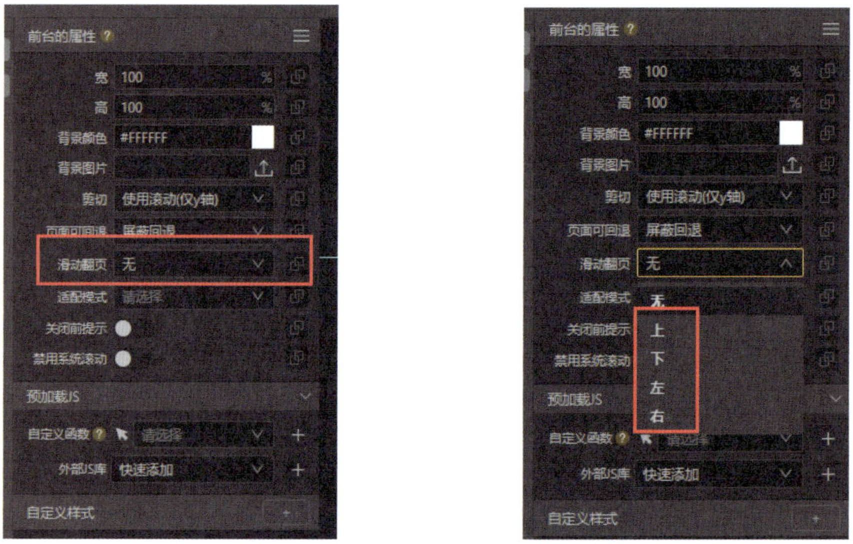

（a）　　　　　　　　　　（b）

图 12-16

（6）在“滑动翻页”下方可设置“循环翻页”。最后选择状态栏的“预览”“发布”功能，如图 12-17 所示，生成 H5 二维码，完成作品。

图 12-17

【任务拓展】

通过对 IVX 平台的学习和使用，已掌握通过给“事件”设置功能来完成 H5 的制作的方法。接下来做一个拓展练习，实现从翻页变成跳转页面，界面示样如图 12-18 所示。

图 12-18

【思考与练习】

采用低代码或者零代码方式，可以帮助数字媒体交互设计师自行研发数字产品，为独立开发提供了平滑的工具，降低了技术门槛。通过学习 IVX 开发平台，熟练使用可视化编程工具，消除对代码开发的恐惧，设计师也可以独立完成具备交互功能的 H5、小程序和 APP 的开发。

项目 13

课证融通——考取 1+X 数字媒体交互设计职业技能等级证书

项目导读

根据《国家职业教育改革实施方案》（职教 20 条）的文件精神，推行课证融通，数字媒体艺术专业可以报考国家第三批“1+X”证书中的 1+X 数字媒体交互设计职业技能等级证书。通过考取证书，实现学分存入国家学分银行以及获得国家开放大学认证。

教学目标

考取 1+X 数字媒体交互设计职业技能等级证书

任务 1 基础理论测试

【任务描述】

1+X 数字媒体交互设计职业技能等级证书的考试方式，既有理论测试也有实操测试，理论测试主要围绕数字媒体交互设计的理论体系、知识框架、方法流程、行业规范等内容进行考核。为了在备考阶段做好理论知识的复习，可以采用绘制知识体系地图的方式，将知识体系进行可视化梳理，起到总结回顾、迭代更新的作用，达到整理归纳的目的。

【任务要求】

通过思维导图等工具，将数字媒体交互设计的理论体系、知识框架进行梳理，构建适合自己的复习提纲及读书笔记，形成个人的知识体系地图、知识树。

【知识链接】

可以对交互设计的知识点进行分类，通过自己掌握的实际情况，“巩固已知，查找未知”，得出自己的知识体系地图。

1. 基础知识

数字媒体交互设计是多学科交叉融合的领域，涉及设计、技术、运营等不同的学科背景，涉及的知识分类整理如下。

（1）名词术语：交互设计（IxD）、用户界面设计（UID）、用户体验设计（UE/UX）、产品原型设计（PPD）等。

（2）原则标准：用户体验 5 要素模型、易用性原则、交互设计 7 大定律、交互设计 5 要素、尼尔森十大可用性原则等。

（3）设计方法：“7±2”设计法则、少即是多（Less is More）、诺曼设计原则、格式塔心理学等。

2. 流程规范

（1）适配规范：分辨率单位（px、dp、pt、ppi、dpi）、倍图换算、iOS/Android 平台、字体设计规范、交互设计文档等。

（2）项目流程：用户调研、竞品分析、原型设计、设计走查等。

3. 工具平台

（1）专业软件：交互软件（Sketch、Adobe XD、Figmar、摹客 RP、墨刀）、图形图像软件（PS、AI）、动效软件（AE）等。

（2）辅助工具：数据调研（APP 数据收集、行业报告分析、行业广告监测）、素材库（花瓣网、大作）。

【任务实施】

数字媒体交互设计的知识体系是基于工作流和组件模块构建的，依据之前的知识整理，使用思维导图工具绘制知识体系地图。XMind、MindMaster 和 Mindjet MindManager 等工具都可以绘制思维导图（脑图）、知识体系地图。下面使用 GitMind 作为绘制知识体系地图的工具。

（1）登录 GitMind 后，单击“立即体验”按钮，如图 13-1 所示，进入工作面板。

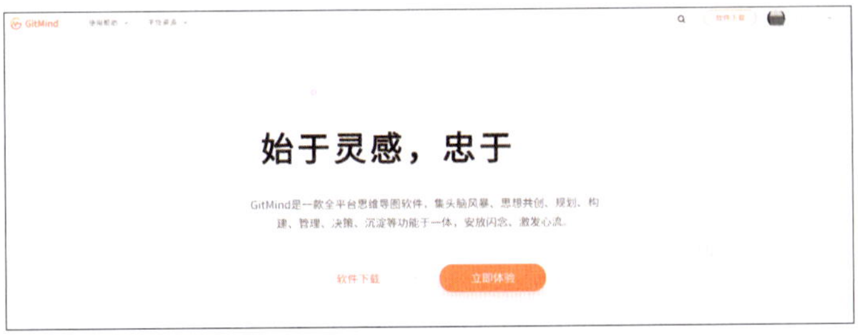

图 13-1

（2）在界面左侧的“全部模板”中可以选择“知识梳理”“读书笔记”，即可以直接套用已经绘制好的框架模型。当然也可以选择顶部属性栏中的“新建脑图”创建符合自己需求的知识体系地图。这里建议通过“新建脑图”亲自绘制知识体系地图，以便加深印象，如图 13-2 所示。

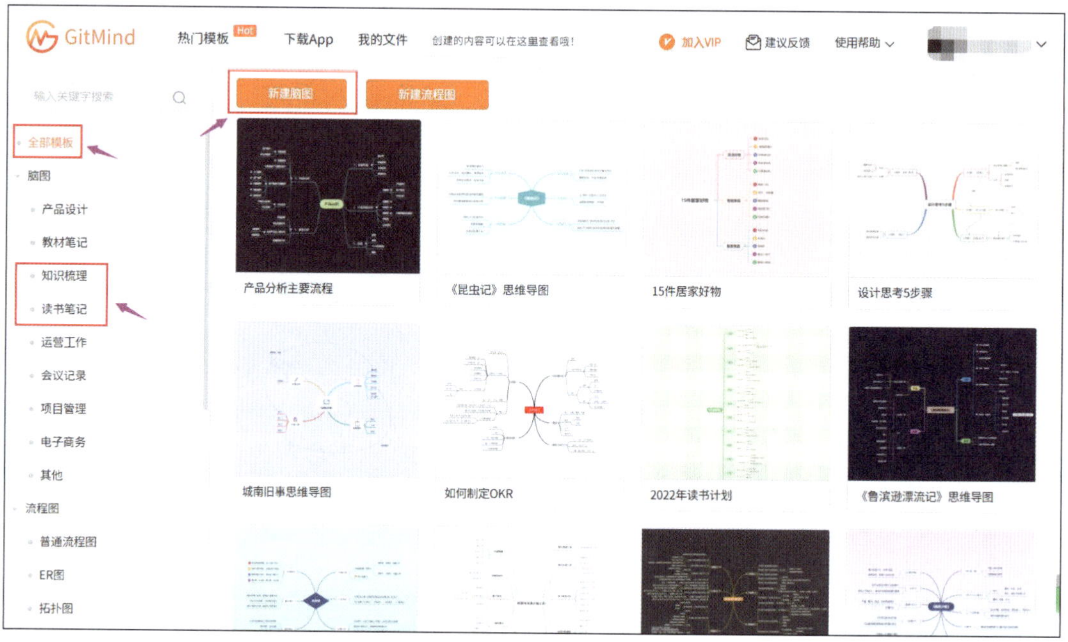

图 13-2

（3）单击“新建脑图”按钮，进入相应的工作界面。界面左上角为文件名称属性栏；绘制工具栏位于界面顶部居中；通过界面右侧的竖状属性栏可以进行整体设计调整，可对主题、样式、布局等属性进行调整，如图 13-3 所示。

图 13-3

（4）单击界面左上角的名称属性栏创建名称，然后单击画布中心的圆角矩形，输入名称的具体文字内容，接着单击工具栏的“添加下级节点”图标或按Tab键，完成节点设置，应根据知识内容的总量设定层级和增加节点，如图13-4所示。

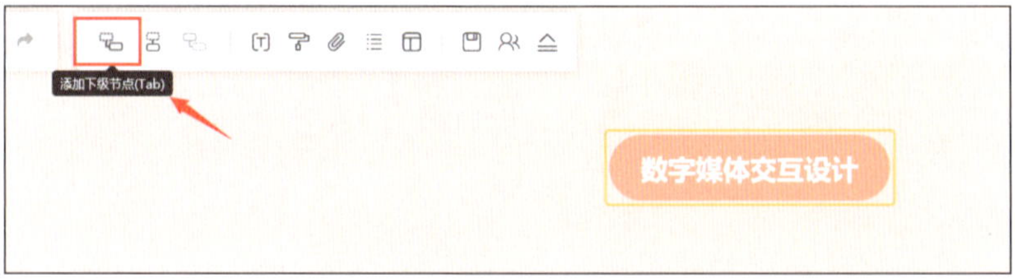

图 13-4

（5）完成知识点的梳理和归纳后，可以对知识体系地图进行一些美化设计。单击界面左侧竖状属性栏中的“主题”功能模块，在弹出的界面中选择适合的主题风格，如图13-5所示。

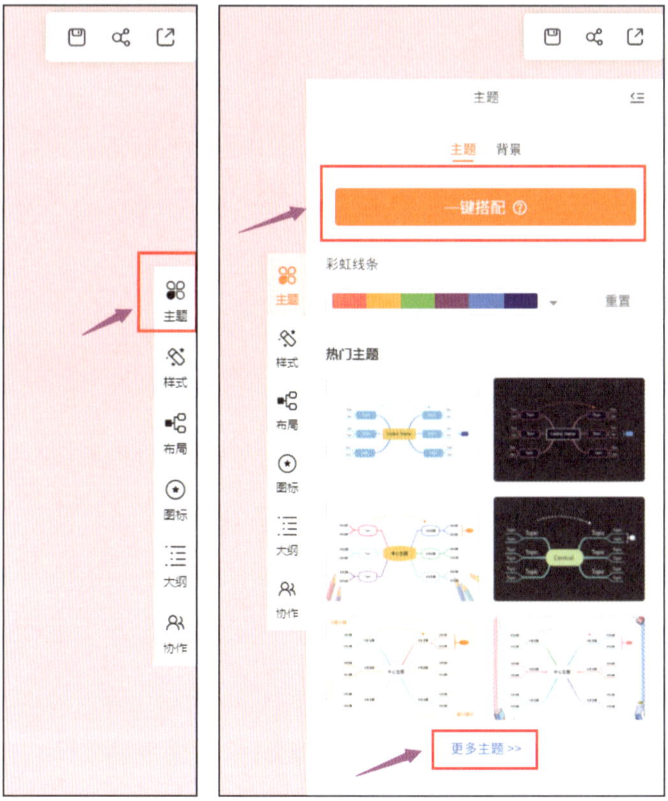

（a） （b）

图 13-5

（6）如果还想获得更好的效果，还可以使用“样式”功能或者“布局”功能重新进行调整，最终形成适合自己的知识体系地图，如图13-6所示。

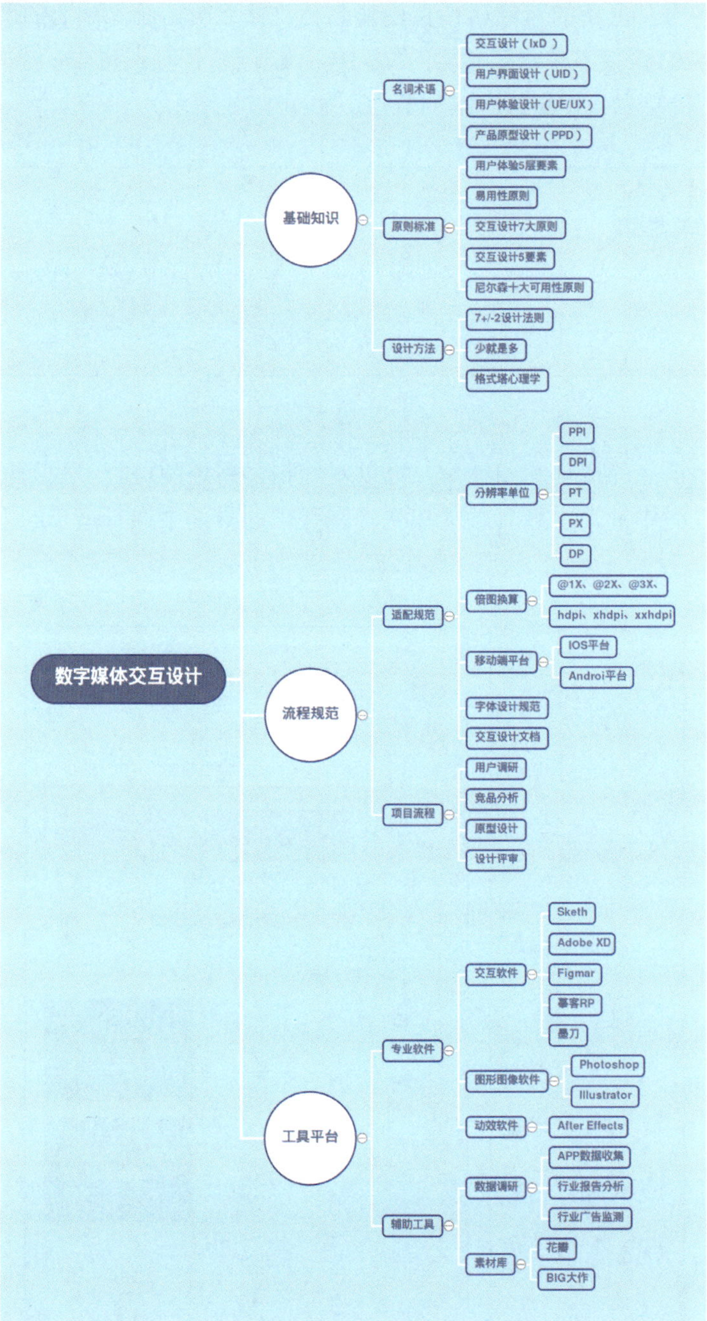

图 13-6

【任务拓展】

通过使用 GitMind 绘制数字媒体交互设计知识体系地图的案例练习，我们已经掌握了可视化设计的方法和软件的使用。围绕理论知识的复习，还可以继续使用 GitMind 完成读书笔记，样例如图 13-7 所示。

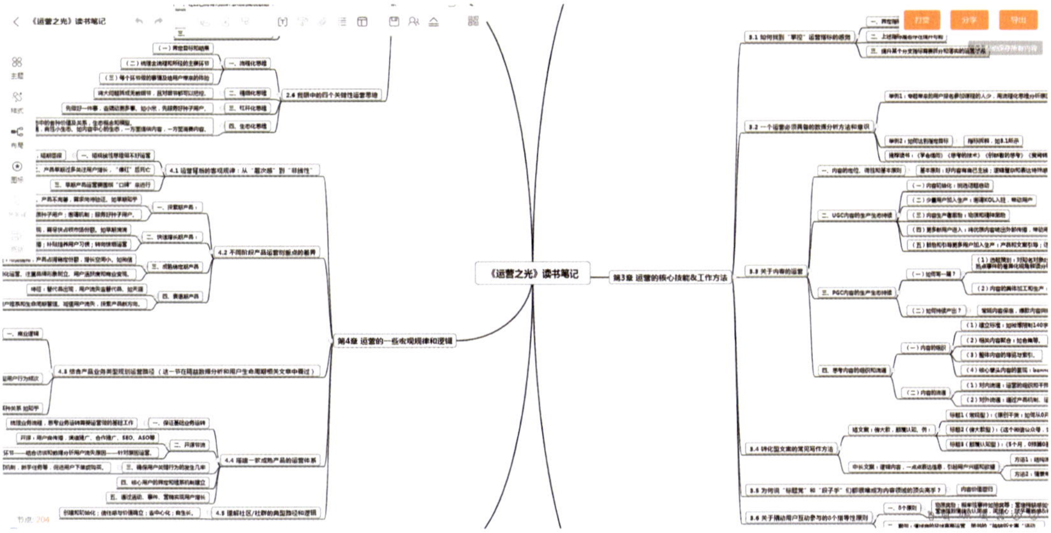

图 13-7

【思考与练习】

了解“1+X”证书的考试要求，掌握考试的知识点，熟悉用户体验设计、交互设计的方法及数字媒体的概念、规则标准，能够使用“结构化思维”制作知识体系地图来进行复习回顾。掌握 GitMind 在线软件的使用方法，可以将其作为交互设计前期工作的绘图工具，绘制思维导图、流程图、泳道图等。

任务2 实操快题训练

【任务描述】

数字媒体交互设计实操测试以“快题设计”作为考核内容，通过快题形式将一个包含 9 个工作模块的完整产品开发流程进行可视化设计，使用软件或纸笔进行绘制呈现。

【任务要求】

将“梦境茶园”APP 作为快题设计的模拟考试题目，使用 PS 软件绘制产品开发的交互设计流程，流程包含 9 个必考的工作模块。

【知识链接】

快题设计的 9 个绘制模块如下所述。

（1）用户画像：根据实际项目，从具有代表性的产品使用人群属性中进行提炼，得出用户画像。

（2）发现问题：通过勾画类似用户旅程图中的行为和情绪的曲线，描述产品存在的问题，即产品痛点、用户体验痛点、操作流程痛点等。

（3）提出问题：针对发现的问题和痛点进行思考，给出具体问题。

（4）设计定位：围绕产品的基本功能、使用人群、特色亮点等，解读产品核心功能。

（5）流程图：直观表现用户使用产品的行为、步骤及产品任务流程完成的先后顺序。

（6）信息架构图：给出整套产品的框架结构及信息传递、处理的流程模式。

（7）低保真图：具备可以模拟整个 APP 或者单个行为的交互功能及运行模式，不追求完美视觉细节和逼真效果的想法设计图。

（8）使用情景：根据实际使用情况绘制情景图，可以分为远、中、近等多种角度进行绘制，可以是一个情景也可以是多个情景。

（9）商业模式：由品牌价值定位、目标市场、销售渠道、营收模式等部分组成，每个产品需要确立自身难以被模仿的商业模式，确保自身与众不同。

【任务实施】

在开始绘制快题设计图之前，还需要在 PS 里对笔刷工具进行调试，进行符合自己习惯的参数设置。

（1）打开软件 PS，在开始界面选择创建 A4 纸大小的画布，分辨率为 300dpi，如图 13-8 所示。

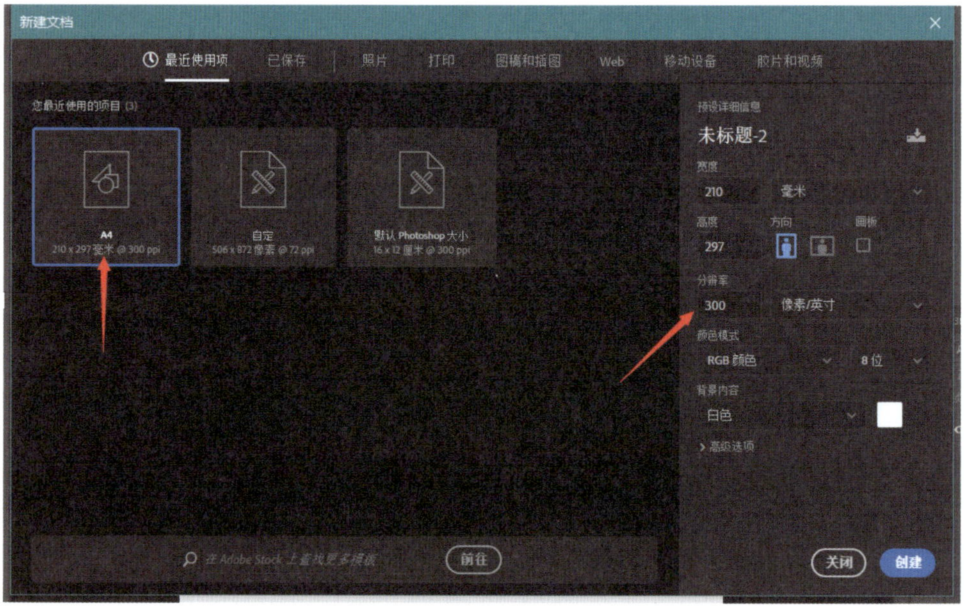

图 13-8

（2）在 PS 界面左侧的工具栏中选择画笔工具，如图 13-9 所示。

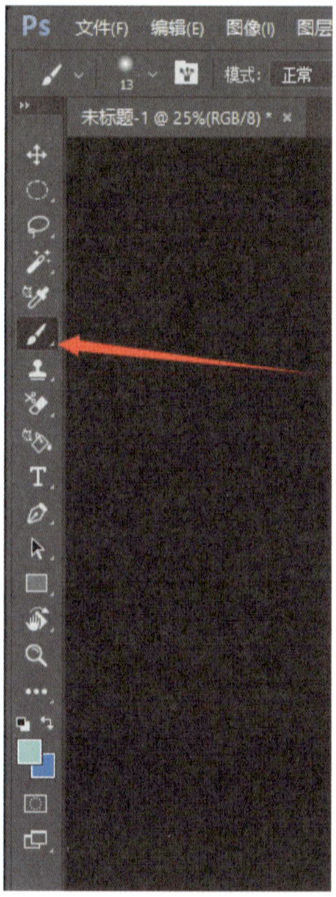

图 13-9

（3）在 PS 界面右侧的画笔属性中选择对应的画笔，调整画笔的大小和一些细节性的内容，如图 13-10 所示。

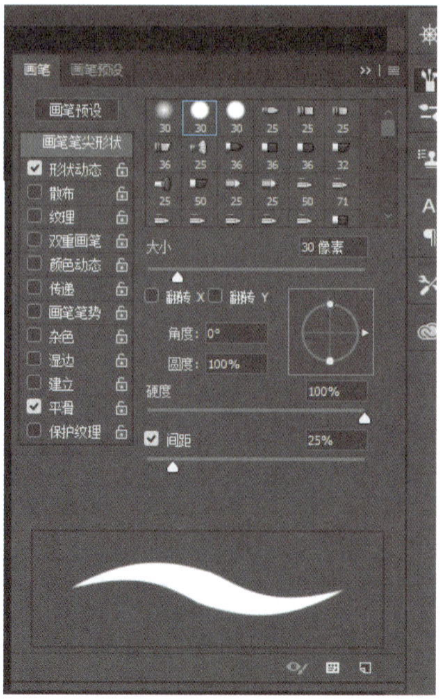

图 13-10

（4）绘制的时候如果没有笔触大小，可以检查工具栏上方的内容，其右侧对应的选项可以表明是否开启画笔的粗细变化或透明度变化，如图 13-11 所示。

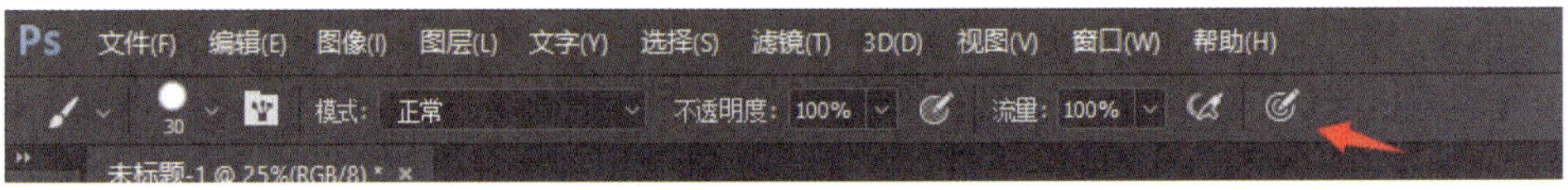

图 13-11

（5）使用手绘板在画布上按照快题设计的 9 个模块绘制设计图，如图 13-12 所示。

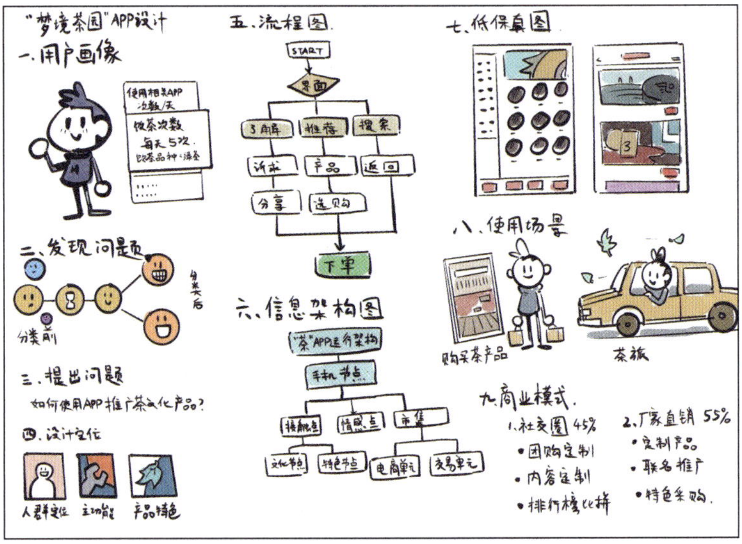

图 13-12

（6）在输出的时候，将图像文件另存为 JPG 图片文件，可以按 Crtl+Shift+D 快捷键快速完成文件存储；选择合适的文件大小（这里要求不大于 1MB），并按照要求进行命名，如图 13-13 所示。

1+X 数字媒体交互设计职业技能等级证书快题训练

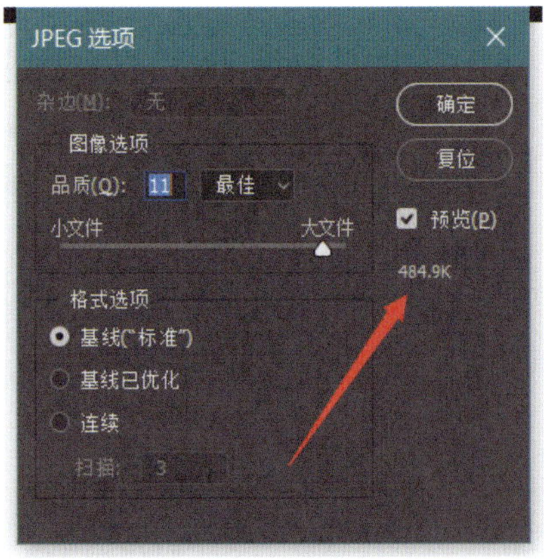

图 13-13

【任务拓展】

通过针对考试的快题训练，既帮助考生巩固了理论知识，又训练了技能，达到了模拟考试的作用。考试都需要准备，为了更好地迎接考试，还需要研究考试内容，进行针对性地押题训练，选择的训练题目可以划分为垂直功能APP、公益类APP等，尽量全面涉及。

【思考与练习】

“1+X”职业技能等级证书考试是对现有教学模式的助推和检测，通过考试培训、理论测试和技能实操，考生可发现问题，了解整个数字媒体交互设计的知识体系、技能要求、岗位需求，快速提升自身的职业技能，培养职场适应能力。

参考文献

[1] 威风教育. 数字媒体交互设计——APP 产品交互设计方法与案例 [M]. 北京：人民邮电出版社，2021.

[2] 威风教育. 数字媒体交互设计——原理与方法 [M]. 北京：人民邮电出版社，2021.

[3] 威风教育. 数字媒体交互设计——运营方法与实务 [M]. 北京：人民邮电出版社，2020.

[4] 杰西•詹姆斯•加勒特. 用户体验要素——以用户为中心的产品设计 [M]. 范晓燕，译. 北京：机械工业出版社，2019.

[5] 戴力农. 设计调研 [M]. 北京：电子工业出版社，2016.

[6] 刘津，李月. 破茧成蝶——用户体验设计师的成长之路 [M]. 2 版. 北京：人民邮电出版社，2020.